I0154044

...IONS ÉLÉMENTAIRES

...GRICULTURE

PAR

P.-J. DELAFONT,

...taire de la Société d'Agriculture des Hautes-Alpes.

GAP,

...LACE PÈRE ET FILS, IMPRIMEURS-LIBRAIRES.

1856.

NOTIONS ÉLÉMENTAIRES

D'AGRICULTURE.

(C.)

Cap.—Imp. DELAPLACE.

NOTIONS ÉLÉMENTAIRES

D'AGRICULTURE

PAR

P.-J. DELAFONT,

Secrétaire de la Société d'Agriculture des Hautes-Alpes.

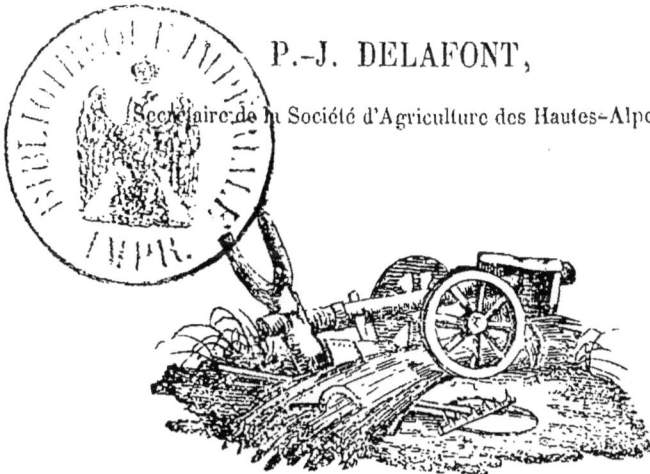

GAP,

DELAPLACE PÈRE ET FILS, IMPRIMEURS-LIBRAIRES.

1856.

NOTIONS ÉLÉMENTAIRES

D'AGRICULTURE.

—◦⸱§⸱◦—

CHAPITRE 1.

DE LA TERRE ET DE L'AGRICULTURE.

Tout vient de la terre : c'est elle qui nous fournit absolument tout ce qui sert à notre usage. Nous aurions beau chercher, nous ne parviendrions pas à trouver la moindre chose qui vînt d'ailleurs. La terre produit le blé avec lequel nous faisons du pain, le vin que nous buvons, l'eau qui nous désaltère plus souvent encore, et sans laquelle il nous serait impossible de faire la soupe, les pommes de terre, les choux, les raves, les navets, les haricots, les pois, les pêches, les abricots, les prunes, les pommes, les poires; en un mot, tous les légumes et tous les fruits.

Nous n'aurions ni viande, ni lait, ni beurre, ni fromage, ni œufs, si la terre ne produisait pas le foin, la paille, les grains et les légumes avec lesquels nous nourrissons les bœufs, les vaches, les moutons, les porcs, les poules et les pigeons.

Dieu, qui est tout-puissant et si bon, a voulu que la terre nous donnât de quoi satisfaire à tous nos besoins. C'est à elle que nous devons les vêtements qui nous garantissent du chaud et du froid. Tous nos habillements sont faits avec du fil, de la laine, du coton ou de la soie. Eh bien ! le fil avec lequel on tisse la toile est fait lui-même avec du chanvre ou du lin que nous voyons pousser tous les ans. La laine avec laquelle on fabrique les étoffes et les draps provient de la tonte des moutons et des brebis, qui n'existeraient pas, s'il ne croissait pas sur la terre de l'herbe pour les nourrir, l'été en plein air, et l'hiver dans leurs étables. Le coton est récolté sur un arbre et la soie est produite par de petits vers qui vivent de feuilles de mûrier. Or, le mûrier et l'arbre sur lequel se forme le coton croissent dans la terre.

Ce livre que nous lisons vient lui-même de la terre, et voici comment : on a fait le papier sur lequel il est imprimé avec de vieux chiffons de toile, et nous avons vu que la toile est faite avec du fil et le fil avec le chanvre ou le lin que nous cultivons.

Le bois, qui produit ce bon feu qui, en faisant cuire nos aliments, nous réjouit et réchauffe nos membres engourdis quand le froid pique, le banc sur lequel nous nous asseyons, la table sur laquelle nous prenons nos repas proviennent des arbres qui croissent sur la terre.

Le soc de nos charrues, nos pioches, nos pelles, nos faux et nos outils de toute espèce, la plume même qui nous sert pour écrire sont faits avec du fer, et le fer, de même que le cuivre, le plomb, l'argent, l'or et tous les

1*

autres métaux sont enfouis dans le sein de la terre d'où on les arrache.

En un mot, nous pouvons passer en revue tout ce qui est sur la terre, et nous serons forcés de reconnaître que c'est elle seule qui nous le fournit.

On divise ses produits en trois grandes classes qu'on distingue les unes des autres par les noms de RÈGNE ANIMAL, RÈGNE VÉGÉTAL et RÈGNE MINÉRAL.

Le RÈGNE ANIMAL comprend tous les êtres qui sont doués de la faculté de se mouvoir, c'est-à-dire de bouger, de changer de place : ainsi, l'espèce humaine, les animaux, les poissons, les oiseaux, en un mot, depuis l'homme jusqu'à l'insecte imperceptible, tout ce qui marche, rampe, nage ou vole appartient au RÈGNE ANIMAL.

Le RÈGNE VÉGÉTAL se compose de tout ce qui vit sans jamais bouger de la place où Dieu l'a mis, et, par conséquent, des arbres et de toutes les plantes imaginables.

Enfin, tout ce qui n'a pas même la vie, comme la terre, l'eau, les pierres et les métaux, forme le RÈGNE MINÉRAL.

Il faut dire pourtant que les savants ne veulent plus faire maintenant que deux classes : celle des ÊTRES ORGANISÉS et celle des ÊTRES INORGANISÉS.

Ils mettent dans la première, celle des ÊTRES ORGANISÉS, tout ce qui vit, et, par conséquent, tout ce qui est du *règne animal* et tout ce qui est du *règne végétal*, parce qu'il y a des plantes qui se rapprochent tellement des animaux, ou des animaux qui se rapprochent à tel point des végétaux qu'on ne sait plus si ce sont des bêtes ou des plantes. On s'est tiré d'embarras en réunissant dans la même classe tout ce qui a la vie. De cette façon, on était sûr de ne pas se tromper.

La seconde classe, celle des ÊTRES INORGANISÉS, était toute faite : elle est formée de tout ce qui appartient au *règne minéral*, de ce qui ne vit pas.

Il y a des choses, principalement toutes celles comprises dans le *règne minéral*, que la terre produit sans que nous nous en mêlions ; nous n'ayons d'autre peine que celle de les prendre.

Mais il n'en est pas de même pour ce qui est du *règne végétal*, surtout pour les plantes qui nous sont le plus utiles, pour les grains, les pommes de terre, les légumes de toute espèce, les fourrages et les bons fruits. Il n'y a guère que la mauvaise herbe et les arbres des forêts qui poussent tout seuls. Pour tout le reste, il faut semer pour recueillir ; si nous voulons que la terre nous le donne, nous sommes obligés de la cultiver, et nous devons même nous bien persuader que, mieux nous la travaillons, plus elle produit, et plus ce que nous avons le bonheur d'obtenir d'elle est de bonne qualité. Nous sommes donc tous intéressés à ne jamais être des paresseux et à apprendre à bien cultiver.

Ainsi, la terre est ce qu'il y a de plus précieux, puisque tout vient d'elle, et qu'elle est la mère nourricière de tout ce qui existe ; l'agriculture est ce qu'il y a de plus important, puisque c'est par elle que nous obtenons de quoi satisfaire à tous nos besoins, et les cultivateurs sont incontestablement les hommes les plus utiles, puisque, sans eux, nous manquerions de tout, même de pain.

———

CHAPITRE II.

DES PHÉNOMÈNES DE LA VÉGÉTATION.

Il y a peut-être, dans les grandes villes, des gens qui mangent du pain sans savoir comment pousse le blé avec lequel on le fait.

La manière dont viennent les grains et toutes les plantes est une merveille, et nous devons, en cela comme en tout, admirer l'œuvre du bon Dieu. Une toute petite graine qu'on met dans la terre produit un jour un arbre de trente ou quarante mètres de haut. Un grain de blé donne naissance à une plante sur laquelle se forment ces beaux épis dorés qui sont remplis eux-mêmes d'autres grains. Il en est de même de toutes les autres plantes, et voici comment cela s'accomplit.

Toute graine contient le germe d'une plante de la nature de celle qui l'a produite. Ce germe précieux, qui se nomme EMBRYON, est l'ébauche de la plante qui doit un jour en provenir.

Ce que nous appelons *germination* est la suite des développements de l'*embryon*. Quand les graines sont dans la terre, l'*embryon* que chacune d'elles renferme se gonfle, brise son enveloppe et en sort, de même qu'un poulet sort de sa coquille.

Cet *embryon* est formé de deux parties distinctes, dont l'une tend à descendre dans la terre et l'autre à paraître à l'extérieur. La première de ces parties, celle qui descend, est la RACINE de la plante; l'autre, celle qui monte, en est la TIGE. Il y a entre elles un point intermédiaire qu'on nomme *collet;* puis ces deux parties vont, chacune de son côté, toujours en grandissant et en grossissant jusqu'à ce qu'elles aient acquis toute leur croissance.

Mais, pour que tout cela puisse se faire, il faut une quantité suffisante de chaleur, d'humidité et même d'air. Il faut aussi que la terre ne soit pas trop serrée, afin que la racine ait la facilité de s'y enfoncer tant qu'elle veut, et que la tige puisse traverser la couche qui est au-dessus d'elle pour arriver à l'extérieur; il faut, enfin, que la plante ne soit comprimée d'aucun côté, qu'elle soit à l'aise pour pouvoir se développer convenablement.

Et cela ne suffit pas. Les plantes ont aussi besoin d'aliments ; car tout ce qui naît, c'est-à-dire tout ÊTRE ORGANISÉ, tout être qui appartient au *règne animal* ou au *règne végétal*, vit, grandit, décline et meurt, mais se nourrit pendant la durée de son existence.

Au moment de la germination, l'*embryon* s'alimente avec les matières souvent farineuses que le bon Dieu a eu la précaution d'enfermer exprès avec lui dans l'enveloppe de la graine ; mais il lui faut autre chose aussitôt qu'il est sorti de cette enveloppe.

Toutes les plantes prennent leur nourriture, partie dans la terre par leurs racines, partie dans l'atmosphère par leurs feuilles, mais dans des proportions contraires.

Celles qui ont plus de racines que de feuilles vivent surtout aux dépens de la terre ; celles qui ont plus de feuilles que de racines prennent dans l'air la plus grande partie de leurs aliments : elles sucent, elles aspirent les sucs nutritifs qui sont dans l'atmosphère, au moyen de leurs feuilles, et ceux qui sont dans la terre, au moyen de leurs racines. Elles grandissent et grossissent petit à petit, à l'aide de cette nourriture qui se transforme en leur propre substance, c'est-à-dire qui devient une partie d'elles-mêmes.

Les feuilles sont aussi un organe au moyen duquel les végétaux rejettent ce qui leur serait nuisible.

Mais il faut que la nourriture que les plantes doivent prendre soit à l'état liquide pour que leurs racines et leurs feuilles puissent la sucer. Cela explique pourquoi les plantes ne peuvent pas prospérer quand la terre et l'air sont trop secs, puisqu'elles n'ont pas alors la quantité d'humidité suffisante pour délayer leurs aliments. Elles peuvent, dans ce cas, souffrir de la faim au milieu de l'abondance ; elles sont dans la position d'un enfant ou d'un vieillard n'ayant pas une seule dent, et qui n'aurait pour se nourrir que du pain dur comme du fer.

Les animaux ne se nourrissent pas tous de la même manière ; les uns ne vivent que d'herbe ou de grains, d'autres que de fruits, d'autres encore que de viande, de sorte que chacune de ces espèces mourrait de faim au milieu de la plus riche provision de nourriture convenant aux deux autres. Supposons que nous enfermions un chien dans une écurie, dans laquelle il y aura beaucoup de pain et de foin ! Il vivra tant qu'il y aura du pain , mais quand il n'en restera plus un seul morceau , le pauvre animal mourra de faim sans toucher au fourrage. Mettons alors à sa place un cheval, une vache, un âne, ils s'y engraisseront, à moins qu'ils ne soient trop goulus et qu'ils n'y meurent d'indigestion.

Puisque les plantes vivent, grandissent et se nourrissent comme les animaux , il est bien naturel d'admettre aussi que, de même qu'aux animaux, il leur faut une nourriture différente suivant leur espèce, de sorte que chacune d'elles prend dans la terre les substances qui conviennent à sa constitution sans toucher aux autres, de même qu'un chien ne touche pas au fourrage et qu'un cheval ne mange point de viande.

En effet, puisque la divine Providence, dont nous ne pouvons assez admirer les œuvres , fait croître un nombre indéfini de plantes pour satisfaire à tous les besoins des hommes et à ceux des animaux de toute espèce, pourquoi n'aurait-elle pas mis aussi dans la terre une foule de sucs de différentes natures pour nourrir ces mêmes plantes, puisqu'il leur faut des aliments, puisque ces sucs sont pour elles ce que sont pour nous le pain, la soupe et le fricot?

On doit remarquer aussi que les végétaux se divisent en plantes à racines traçantes et en plantes à racines pivotantes, ce qui veut dire que les racines des premières s'étendent de tous côtés sans descendre bien bas dans la terre, tandis que celles des secondes s'y enfoncent toujours profondément. Il en résulte que les plantes à racines traçantes ne prennent que les sucs qui sont à leur portée; les autres sont trop bas pour qu'elles puissent aller les chercher, et il n'y a que les plantes à racines pivotantes, c'est-à-dire que celles dont les racines descendent jusqu'au niveau de ces sucs qui aient le pouvoir de s'en emparer.

On peut rendre cela plus sensible par une comparaison. Supposons qu'il y ait deux morceaux de pain dans un placard bien profond,

et que l'un soit au bord du placard et l'autre tout
à fait au fond! Un enfant, quoiqu'il ait le bras
court, prendra facilement le premier morceau ;
mais, quant au second, il faudra qu'il se con-
tente de le regarder, s'il n'a pas des pincettes
ou un bâton pour le tirer : un homme, au contraire, s'en emparera sans peine, parce qu'il a
le bras plus long, et il apaisera sa faim, tandis que l'enfant serait obligé de jeûner, s'il
n'avait pas autre chose à sa disposition.

Enfin, des savants assurent que les plantes
ont des excréments comme tous les animaux,
et qu'elles ne peuvent plus vivre au milieu des
matières qu'elles ont rendues, quand il y en a
une certaine quantité, tandis que ces matières
sont des aliments pour d'autres plantes. C'est
peut-être un peu pour cela que, lorsque nous
plantons un arbre à la place d'un autre de la
même espèce, il y meurt le plus souvent, ou
reste toujours maigre et chétif, s'il ne meurt
pas.

Il résulte de tout cela que, lorsqu'une terre
a nourri certaines plantes pendant un certain
temps, elles n'y viennent plus ou y viennent
très-mal, ne trouvant plus à y vivre, soit parce

qu'elles ont été obligées d'absorber tous les sucs convenant à leur constitution, n'ayant pas assez de feuilles pour prendre dans l'air une assez bonne portion de leurs aliments, soit parce que, n'ayant que des racines traçantes, elles n'ont pu sucer la nourriture qui était au-dessous de leurs racines, soit enfin parce qu'il y a autour d'elles une trop grande quantité de leurs excréments.

Mais il en résulte aussi que d'autres plantes peuvent très-bien prospérer à la même place, soit parce qu'elles y trouvent des sucs auxquels celles qu'elles remplacent n'ont pas touché, soit parce qu'elles peuvent en aller chercher plus bas, soit parce que, ayant plus de feuilles, elles prennent beaucoup à l'air et demandent moins à la terre, soit enfin parce qu'elles se nourrissent même des excréments que les autres plantes y ont laissés, et qui étaient pour elles comme un poison.

CHAPITRE III.

DE LA CULTURE DES TERRES.

Maintenant que nous savons comment poussent les plantes, nous allons voir de quelle manière il faut cultiver la terre pour aider à leur croissance, pour les faire venir aussi belles que possible.

Mieux la terre est ameublie, plus les plantes s'y trouvent à l'aise, plus elle reçoit aisément les impressions de la chaleur, de l'air, et de l'humidité, plus, en un mot, elle est dans des conditions propres à favoriser la végétation. L'ameublir, c'est la rendre souple, divisée, fine, s'il est possible, comme des cendres, et elle ne peut être amenée à cet état que par la réunion de diverses conditions.

D'abord il faut qu'elle soit défoncée, c'est-à-dire remuée, soulevée assez profondément pour que la chaleur et l'humidité pénètrent aisément dans son intérieur, et que les racines des plantes ne se trouvent pas arrêtées par un obstacle trop fort quand elles poussent en descendant, ou veulent s'étendre de tous côtés.

Il faut ensuite que la couche qu'on cultive soit retournée chaque fois comme une omelette dans la poêle, afin que ce qui est dessous, revenant dessus, soit bien exposé à l'air et s'empare d'une partie de ce que cet air fournit pour la nourriture des plantes.

Il faut, enfin, qu'elle soit remuée plusieurs fois, et en des sens différents, pour qu'elle se divise bien.

Tout cela peut se faire avec le louchet, avec la pioche et avec la charrue. Le louchet est ce qu'il y a de mieux, parce qu'on va à une grande profondeur; et qu'on retourne complétement la terre sens dessus dessous. La pioche ne vaut pas le louchet, mais fait encore un meilleur travail que la charrue; et, cependant, c'est de la charrue qu'on est obligé de se servir généralement, parce qu'on va trop lentement avec la pioche ou le louchet et qu'on ne pourrait pas travailler avec ces outils la dixième partie des terrains qu'on a besoin de remuer tous les ans.

La charrue, d'ailleurs, fait un travail bien suffisant; mais il faut, pour cela, ne pas se servir du mauvais petit *araire* de nos anciens, qui égratignait à peine la terre et que deux chèvres auraient tiré. On doit employer une CHARRUE, celle de MATHIEU DOMBASLE, par exemple, qui bouleverse un champ convenablement, et qui est munie d'un large versoir qui retourne parfaitement la tranche de terre que le soc vient de soulever.

On fait un bien mauvais calcul quand on plaint son temps ou ses peines en labourant. Le cultivateur intelligent et laborieux ne craint pas d'enfoncer le soc de la charrue autant qu'il le peut raisonnablement; il se garde surtout de mettre trop de distance d'une raie à l'autre, parce qu'il laisserait entre elles ce que nous appelons du *cru*, c'est-à-dire des portions de terre qui n'auraient pas été remuées et qui auraient la forme de gencives; il ne néglige jamais non plus de labourer chaque terrain au moins deux fois en sens opposés, c'est-à-dire en coupant les raies du premier labour à angle droit.

Et tout cela n'est pas suffisant pour l'ameu-

blissement parfait de la terre ; il faut encore
y passer une bonne herse dont les dents de
fer déchirent, brisent, divisent les morceaux.
Il arrive même quelquefois qu'après cette der-
nière opération, il reste encore de grosses
mottes qu'on est obligé de briser avec une
petite massue pour les réduire en poussière.

Quand, après tous ces travaux, une terre
n'est pas bien ameublie, c'est à peu près toujours la faute du cultivateur. Cela prouve qu'il
n'a pas bien choisi son temps pour labourer.
Celui qui entend son affaire ne laboure jamais
que lorsque son terrain est bien essoré,
c'est-à-dire qu'au moment où il conserve une
fraîcheur convenable ; que lorsque, ayant
cessé d'être humide, il n'est cependant pas
encore sec.

Si on laboure un terrain fort quand il est
trop sec, on a grand'peine à y planter le soc
de la charrue ; l'attelage et l'homme qui le
conduit s'éreintent et font de la mauvaise
besogne, car ils soulèvent des mottes énor-
mes qu'on ne peut ensuite parvenir à briser.
Si on le travaille, au contraire, quand il est trop
mouillé, on le pétrit et on l'abîme pour deux

ou trois ans, car il faut au moins ce temps
pour qu'il redevienne susceptible d'être divisé,
et jusque-là rien n'y vient bien ; il a l'air de
ne produire que par charité.

Beaucoup de cultivateurs disent que le fait
de travailler les terres fortes quand elles sont
trop molles, trop mouillées, les empoisonne.
C'est une façon de parler : on ne les empoisonne pas, mais on les met dans un état qui ne
permet plus de les ameublir, de sorte que les
pauvres plantes se trouvent gênées par-dessus,
par-dessous et de tous côtés.

Il n'en est pas tout à fait de même des terrains légers qu'on appelle grès. Ils souffrent
d'un labour fait par un temps trop sec et se
trouvent bien de ceux exécutés quand ils sont
encore un peu humides, à raison de la facilité
avec laquelle ils se divisent.

Le meilleur travail qu'on puisse faire avec
tous les outils imaginables est celui qu'on
exécute avant ou pendant l'hiver, parce que le
gel et le dégel fondent les mottes, et que la
terre se trouve naturellement transformée en
une poussière fine quand vient le printemps.

Lorsqu'une terre est bien préparée et qu'on

l'a ensemencée, il est bien essentiel de ne pas trop enterrer les graines en les recouvrant. Quand elles sont trop bas, la chaleur, l'air et l'humidité peuvent leur manquer, et elles ne germent plus, ou, si elles germent, elles ont tant de chemin à faire avant de voir le soleil, qu'elles n'ont pas la force de traverser la couche de terre qui les en sépare.

On dit que, lorsqu'elles sont trop près de la surface, les oiseaux, les pigeons surtout en mangent une bonne partie, et cela est vrai; mais cet inconvénient est bien moindre que l'autre, parce que tout ce qui n'est pas mangé sort facilement.

Il faut, toutefois, enterrer un peu plus le grain dans les terrains légers (les grès), parce l'air et la lumière y pénètrent plus aisément que dans les autres et sont un obstacle au parfait développement de la semence.

On doit enfin toujours avoir soin d'ouvrir de nombreuses rigoles dans le sens des pentes, sur toutes les terres ensemencées, et de les curer quand cela est nécessaire, pour donner leur écoulement aux eaux pluviales et à celles provenant de la fonte des neiges. Sans cette précaution, les terres en pente sont ravinées, et les plantes meurent dans les terrains plats, parce que, si elles ont besoin d'une humidité raisonnable pour prospérer, il est malheureusement certain que trop d'eau les noie et les étouffe.

Un point important en agriculture est de tout faire en sa saison, plus tôt que plus tard. Il y a, pour chaque chose, un moment favorable dont un homme sage ne manque jamais de profiter, sous peine de la faire ensuite quand il peut et de la faire mal.

CHAPITRE IV.

DE L'INFLUENCE DE LA LUNE EN AGRICULTURE.

S'il fallait s'en rapporter aux cultivateurs, la lune devrait être le grand régulateur de leurs travaux de toute nature. A leur avis, la lune est *bonne* ou elle est *mauvaise*, pour chaque travail, suivant qu'elle croît ou qu'elle décroît. Ils ont une foi aveugle en son influence à laquelle ils croient aussi fermement qu'on croit en Dieu. On voit même des hommes fort instruits partager cette foi.

On a cru à l'influence de la lune, à ce qu'il paraît, en tout temps et en tout pays, et il est aussi difficile de dire comment et pourquoi s'est formée cette croyance que d'indiquer l'époque où elle a commencé. Ce qu'on peut dire peut-être de plus raisonnable, c'est qu'elle s'est transmise dans le monde de père en fils : ceux qui vivent croient à la lune, parce que leurs ancêtres y croyaient.

Beaucoup de gens y croient pour tout absolument, et ceux-là doivent être des BIEN-HEUREUX, d'après les saintes Ecritures.

D'autres distinguent : ils y croient fermement pour certaines choses, non pour toutes ; mais ils ne sont pas d'accord entre eux sur ce qui est digne de leur confiance. PIERRE nie ce que PAUL admet et admet ce que PAUL nie. JACQUES y a foi pour les pommes de terre et JOSEPH seulement pour les épinards. ANTOINE ne

la consulte que pour ses semailles et VICTOR ne
la regarde que lorsqu'il s'agit de couper son
bois, etc., etc.

Il y a mieux encore : on assure que ce qu'on
dit être la *bonne lune* dans un pays, pour un
travail, est regardé comme la *mauvaise* dans un
autre. En Allemagne, par exemple, on exi-
gera la *lune vieille* pour une chose qu'on ne
voudra faire qu'à la *lune jeune* en Portugal.
On prétend aussi qu'un fameux jardinier de
Paris, nommé La Quintynie, qui a soigné pendant trente ans le jardin du grand roi Louis XIV,
a fait, pendant tout ce temps, des expériences
sur la lune, et que jamais il n'a pu reconnaître
de différence entre les plantes semées lors de
sa croissance et celles semées lors de son
décours.

Et maintenant tirez-vous de là !

Il n'y a pourtant qu'une lune : elle est la
même pour tous les pays et pour tout le monde.
Si elle est bonne pour un cultivateur et pour
une chose, elle doit être bonne, quant à la
même chose, pour tous les autres. S'il faut à
Paris la *lune jeune* pour un travail, c'est la
même lune qui doit convenir à Marseille, pour

le même objet. Qu'on se mette d'accord! On
ne peut pas supposer que la lune ait des capri-
ces; qu'elle ne traite pas Blaise de la même
manière que Jean-Louis, et qu'elle se comporte
au Midi autrement qu'au Nord.

Il se peut qu'il y ait quelque chose de vrai
dans ce qu'on lui impute, puisqu'on dit qu'il n'y
a point de fumée sans feu; mais il est plus probable encore qu'on lui fait beaucoup trop
d'honneur, en lui attribuant infiniment plus
d'influence qu'elle n'en a réellement, et qu'on
est bien injuste à son égard en la rendant res-
ponsable d'une foule de mauvais traits dont
elle est à coup sûr bien innocente.

Que faut-il conclure de tout cela? Une seule
chose; c'est que la lune nous cause souvent un
grand préjudice, en nous faisant manquer
l'instant propice pour nos travaux, et que
ce que nous avons de mieux à faire est de ne
penser d'elle ni bien ni mal.

Prenons un exemple! Nous voulons faire un
grand carré de pommes de terre: notre sol est
bien préparé, et la plantation se ferait admirablement; mais nous avons la faiblesse de jeter
un coup d'œil sur l'almanach, et nous voyons

que la lune a renouvelé. Ah! diable, nous disons-
nous, la *lune* ne vaut rien, il faut attendre la
lune vieille, et nous différons; puis voici ce
qui arrive : la veille du jour où nous comp-
tions nous mettre à l'ouvrage, le ciel se
brouille, le temps se détraque pour quinze
jours, et, de guerre lasse, nous finissons par
planter nos pommes de terre, avec une autre
nouvelle lune, un mois plus tard, et dans un
terrain que nous abîmons en le pétrissant.

Naturellement elles viennent mal : pour leur
donner le temps de mûrir, nous les laissons
prendre par les pluies d'automne; nous les
arrachons dans la boue, et nous en trouvons
inévitablement une portion attaquée de la
maladie et l'autre au moins en partie pourrie.
Puis nous nous en prenons à la lune et nous
avons tort; ce n'est pas à elle qu'il faut s'en
prendre, c'est à la faiblesse que nous avons
eue de la consulter.

Que la lune ait de l'influence ou qu'elle n'en
ait pas, on perd à peu près toujours plus qu'on
ne gagne à en tenir compte. N'hésitons donc
jamais à faire nos travaux, sans nous occuper
de la *lune* plus que du soleil et des étoiles,

lorsque le moment de les faire est arrivé et que nos terres sont bien préparées : c'est ce qu'il y a de plus raisonnable et de plus sûr, car il faut profiter de l'instant favorable quand il vient ; si on le laisse passer sans le saisir à la volée, on ne peut pas espérer de le revoir.

CHAPITRE V.

DES AMENDEMENTS.

On a beau bien travailler certaines terres, on n'en obtient jamais de bonnes récoltes. Cela provient de leur nature.

Les unes, les terres trop légères, composées principalement de sable et de petits graviers, ne peuvent pas conserver le moindre brin d'humidité : l'eau les traverse sans s'y arrêter ; elle y passe comme dans un crible. Au premier coup de soleil qui arrive après la pluie, elles sont aussi sèches qu'auparavant, et les plantes y meurent de soif; elles y souffrent même de la faim, car le peu de sucs nutritifs que contient une terre de cette espèce, après avoir été détrempés par l'eau, s'en vont avec elle, sans laisser aux racines des plantes le temps dont elles auraient besoin pour les sucer.

Il y en a d'autres dans lesquelles dominent en trop grande quantité des matières qui se pétrissent trop facilement, et que nous nommons TERRES FROIDES et TERRES FORTES. Celles-ci retiennent, au contraire, beaucoup trop d'eau, se dessèchent très-difficilement, se resserrent en se desséchant, et deviennent dures comme du mastic. Il en résulte que les plantes sont étouffées par l'eau quand il y en a trop, et que celles qui restent ont de la peine à traverser le sol pour voir le jour, ou ne peuvent pas se développer, si elles sont déjà sorties, parce qu'elles y sont serrées comme un morceau de fer dans un étau.

On peut améliorer ces terres de natures tout à fait opposées, c'est-à-dire les rendre susceptibles de donner de meilleures récoltes, en modifiant leur constitution, en corrigeant ce que chacune d'elles a de défectueux, en lui donnant, enfin, au moins en partie, les qualités qui lui manquent.

Si on mêle de la terre argileuse à celle qui contient trop de sable ou de graviers, on lui donne plus de consistance, on lui fait l'effet qu'on ferait à un crible en bouchant ses trous aux trois quarts. Cette terre conserve alors facilement l'humidité dont elle a besoin et les principes nutritifs qu'elle renferme, parce que l'eau, ne pouvant s'écouler que peu à peu, n'a plus la force de les emporter.

En mélangeant, au contraire, du sable ou des graviers avec les terres trop argileuses, avec les terres froides ou fortes, on en facilite la division et l'ameublissement; on diminue assez leur consistance pour que l'eau filtre à travers; on fait à l'eau de petits passages, et il en résulte que la terre ne peut plus, ni retenir cette eau trop longtemps, ni conserver une trop grande humidité.

On donne le nom d'AMENDEMENT à l'opération qu'on fait subir à la terre dans ces deux cas, ainsi qu'à toute autre opération ayant pour effet de changer, de modifier la nature du sol, en le mélangeant avec des matières qu'il ne contenait pas précédemment, ou qu'il ne contenait qu'en trop petite quantité.

Ce qui ne modifie que son état n'est pas un AMENDEMENT. Ainsi, on ne peut pas désigner par ce mot les façons dont la terre est l'objet, c'est-à-dire les effondrements, les louchetages, les labours, etc., etc.

Il y a des terres tellement humides, que tous les *amendements* possibles n'y feraient rien : ce sont celles dont l'excès d'humidité résulte, non-seulement de ce que l'eau du ciel ne peut pas s'écouler en les traversant, mais encore de ce qu'elles sont plus ou moins marécageuses, parce qu'il y naît ou coule des eaux de source. Ces terres-là ne peuvent être asséchées, assainies qu'au moyen de fossés profonds donnant un écoulement aux eaux souterraines en même temps qu'aux eaux pluviales.

On nomme maintenant DRAINAGE tout travail ayant pour but d'assainir une terre. Ce nom nous vient de l'Angleterre où le terrain est presque partout beaucoup trop humide, et où il est conséquemment d'une extrême importance de l'assécher.

Il ne faut pas croire que le *drainage*, puisque c'est ainsi qu'on est convenu de nommer l'asséchement , l'assainissement des terrains humides , soit une opération nouvellement inventée : on l'a, au contraire, pratiquée à toutes les époques et probablement dans tous les pays, plus ou moins, suivant l'état du sol ; car il y a des localités , principalement dans les montagnes, où la terre pèche par un excès de sécheresse plutôt que par un excès d'humidité. Or, nous savons déjà que, si les plantes ont besoin d'en avoir, ce n'est que dans des limites raisonnables ; qu'il ne leur en faut ni trop ni trop peu. Voici quelle est nécessairement leur position :

Elles se dessèchent et meurent bientôt si elles manquent d'eau, puisqu'il leur en faut pour délayer leurs aliments.

Si elles en ont trop, la terre se resserre au point de ralentir et même quelquefois d'arrêter complétement leur végétation par une trop forte compression.

Enfin, elles sont noyées et leurs racines pourrissent si elles sont tout à fait dans l'eau, et si la terre ne peut plus être suffisamment échauffée par le soleil.

Il faut donc tâcher de les maintenir dans le juste milieu qui leur convient, en débarrassant, par le drainage, celles qui croissent dans des terrains trop humides de la quantité d'eau qu'elles ont de trop, et en s'efforçant de trouver le moyen d'arroser, au contraire, celles que nous semons dans des terrains trop secs.

Quoiqu'on nomme *drainage à ciel ouvert* les assainissements exécutés par de simples rigoles non recouvertes, on désigne plus habituellement par le mot DRAINAGE les asséchements qui se font au moyen de conduits souterrains, et l'on nomme ensuite DRAINS les rigoles et fossés destinés à donner aux eaux leur écoulement.

Il n'y a personne qui n'ait vu quelque part des fossés d'assainissement, et ne sache, par conséquent, ce qu'est le *drainage à ciel ouvert*. Le plus grand nombre sait aussi, et peut-être sans s'en douter, à cause du nom, ce qu'est le *drainage souterrain*, car ce n'est que l'exécution en grand, et d'après des méthodes perfectionnées, du travail fort simple, qu'on désigne en patois, dans les Hautes-Alpes, sous le nom de CLAP. Il y a entre eux cette différence, qu'on ne fait des *claps* que sur certains points

3

d'un pré ou d'un champ, soit pour y réunir des
eaux, soit pour donner un écoulement souterrain à celles qui s'y trouvent, tandis que le
véritable *drainage* embrasse la surface entière
d'un terrain au moyen d'un ou de plusieurs
canaux principaux qui le traversent d'un bout
à l'autre, dans le sens des pentes, et d'une
foule de petites rigoles qui viennent y aboutir,
de même qu'une foule de petites arêtes viennent se joindre à l'arête principale qui part de
la tête d'un poisson et se prolonge jusqu'à sa
queue.

Le *clap* était le *drainage* dans l'enfance de
l'art, c'est-à-dire avant qu'on eût appris à faire
mieux. Quelque imparfait que soit un travail de
cette nature, il est cependant déjà préférable à
l'assainissement par des canaux à ciel ouvert,
qui gênent pour travailler la terre et rendraient
même sa culture impossible, s'il y en avait
trop. Pour faire des claps, on mettait au fond
des fossés une bonne couche de pierres cassées,
de fascines ou autres matières qui, ne pouvant
jamais se toucher par tous les points, laissaient
nécessairement entre elles des vides par lesquels les eaux pouvaient s'écouler. On recou-

vrait cela d'une couche de graviers ou de gazons retournés, pour empêcher la terre de s'introduire dans les vides servant à l'écoulement et de les boucher ; puis on achevait de remplir les fossés avec la terre qu'on avait sortie en les ouvrant.

Quand on pratiquait le drainage de cette manière, on avait soin de faire deux espèces de petits ponts, un à chaque bout des fossés, avec deux grosses pierres placées en face l'une de l'autre et une troisième par-dessus, afin de consolider leurs bords et de faciliter l'entrée et la sortie des eaux.

Plus tard, au lieu de pierres ou de fascines, on a mis au fond des fossés, dans toute leur longueur, des briques plates recouvertes avec des tuiles creuses, ce qui formait un petit-aqueduc. C'était déjà un grand progrès.

Enfin, on en est venu à reconnaître, par l'expérience, qu'au lieu de pierres, fascines, tuiles et briques, il vaut mieux employer des tuyaux en terre cuite qu'on nomme TUYAUX DE DRAINAGE, parce qu'ils ne se bouchent que très-difficilement et qu'ils durent fort longtemps. C'est ce dernier système qu'on emploie partout main-

tenant. On assure même qu'il est plus écono-
mique que les deux autres.

On se tromperait fort si on se figurait que le
drainage d'une terre ne produit d'autre effet
favorable que celui de la débarrasser des eaux
qui nuisent à la croissance des plantes; il offre
encore deux autres avantages très-précieux et
que voici :

D'abord, on réunit des eaux perdues, toujours nuisibles là où elles sont, et l'on a les
moyens de les utiliser, en s'en servant pour
arroser d'autres terrains qui peuvent être trop
secs.

En second lieu, le *drainage* permet à l'air
de circuler dans les couches inférieures de la
terre, de sorte que les matières organiques ou
sucs que renferment ces couches s'imprègnent
de cet air et des sucs nutritifs qu'il contient lui-
même, d'où résultent des modifications, des
transformations tout à fait favorables à la végétation; en un mot, sous ce dernier rapport,
le drainage peut être considéré comme un
labour souterrain, puisque ceux que nous donnons avec la charrue ou tout autre instrument
ont aussi, en grande partie, pour objet de faire

que la chaleur, l'air et tous les autres agents de fécondation que renferme l'atmosphère puissent pénétrer dans la couche arable, c'est-à-dire dans la couche cultivée.

Le DRAINAGE est donc, à tous égards , une opération très-importante , un bien précieux AMENDEMENT.

CHAPITRE VI.

DES ASSOLEMENTS.

Nous avons vu, au chapitre 2, que la terre est la mère de toutes les plantes , qui se nourrissent, partie avec les sucs qu'elle leur fournit, partie avec ce qu'elles prennent dans l'atmosphère, et que celles qui ont peu de feuilles s'alimentent surtout aux dépens du sol, tandis que celles qui en ont beaucoup vivent principalement aux dépens de l'air.

On a vu aussi que les diverses espèces de

plantes veulent chacune une qualité particulière de nourriture et se l'approprient sans
toucher aux sucs qui sont à côté, et qui conviennent à d'autres.

On a vu encore que les plantes à racines
traçantes ne peuvent aspirer, pomper que les
sucs qui sont à leur portée, et que les plantes
à racines pivotantes peuvent seules aller chercher ceux qui se trouvent beaucoup plus bas.

On a vu, enfin, que, dans l'opinion de quelques savants, chaque plante a des déjections,
et ne peut plus vivre au milieu d'une certaine quantité de ses propres excréments, tandis que d'autres s'en nourrissent.

Ceux qui ont bien compris tout cela ne doivent pas s'étonner que le blé ne vienne plus ou
vienne mal dans un terrain qui en produit déjà
depuis quelques années sans interruption, puisque les sucs particuliers qui conviennent à cette
plante ont été absorbés par les récoltes antérieu-
res, et que ces récoltes ont été d'autant plus exigeantes à l'égard de la terre, que le blé ne peut
prendre dans l'air qu'une portion insignifiante
de la nourriture dont il a besoin, faute de posséder des feuilles pour l'aspirer, l'attirer à lui.

Beaucoup de cultivateurs peu intelligents se disent en pareil cas : Ah ! mon champ est épuisé ; il a besoin de repos, et ils le laissent en jachère. C'est une grosse erreur de leur part.

La terre ne se lasse pas de produire pourvu qu'on ne lui demande pas trop souvent les mêmes choses ; ce qui le prouve, c'est que, si on la laisse un an sans l'ensemencer, elle se couvre d'elle-même de toutes sortes de mauvaises herbes. Celle qui a produit du blé plusieurs années de suite a besoin de repos, mais quant au blé seulement, car il est évident que d'autres plantes y trouveront, pour leur nourriture, des sucs auxquels le blé n'a pas touché, ou qu'elles pourront en aller chercher plus bas, si elles ont des racines pivotantes, ou enfin qu'elles n'auront presque rien à demander au sol, si elles ont beaucoup de feuilles, parce qu'elles vivront presque entièrement aux dépens de l'air, qui ne s'épuise jamais.

On n'apprécie pas assez l'action des feuilles pour la nutrition des plantes : d'après M. Raspail, un de nos savants, cette action est importante au point que la végétation peut s'entrete-

nir à la faveur de l'unique arrosement des
feuilles, et que ces feuilles aspirent elles-mêmes
les produits du fumier et en font profiter les
plantes.

Il suffit donc de varier la culture sur une terre,
de lui demander successivement des récoltes
de natures différentes, en remplaçant autant que
possible des PLANTES ÉPUISANTES par des PLANTES
REPOSANTES, c'est-à-dire des plantes ayant peu
de feuilles par d'autres qui en ont beaucoup,
pour que cette terre puisse donner des récoltes
tous les ans indéfiniment, pourvu cependant
qu'on la fume convenablement de temps en
temps ; car, ainsi qu'on le verra plus loin, quand
il sera question des engrais, quoique les plantes reposantes qu'on met dans un champ qui
vient de produire des plantes épuisantes y
réussissent parfaitement, il ne faut pas en conclure qu'elles rendent à la terre les sucs qu'elle
a perdus en nourrissant les autres. Il n'y a que
le fumier qui puisse les lui rendre.

On arrive à obtenir tous les ans des récoltes
sur le même terrain au moyen de son ASSO-
LEMENT.

Soumettre un champ ou un domaine à un

système d'ASSOLEMENT, c'est fixer d'avance un ordre régulier dans lequel doivent se succéder indéfiniment, à des époques déterminées, et à des intervalles égaux, des cultures de natures diverses sur chacune des terres labourables dont ce domaine se compose. Ainsi, par cela seul qu'on fait l'*assolement* d'un domaine, on fait celui de chaque terre en particulier, et par conséquent l'homme qui ne possède qu'un champ peut l'*assoler*.

Un propriétaire qui se dit : J'ai un champ, je vais y faire du blé trois ans de suite, puis je le mettrai en trèfle ou en sainfoin pendant trois ans , pour recommencer indéfiniment, *assole* ce champ. Un tel *assolement* est le plus simple de tous ; il est insuffisant, parce que les récoltes ne sont pas assez variées ; et détestable, parce que la terre doit donner trois récoltes épuisantes consécutives , et que le sainfoin ou le trèfle reviennent à des intervalles trop rapprochés, mais enfin c'est un ASSOLEMENT.

Il n'est pas possible d'indiquer les diverses espèces de récoltes qui doivent être choisies pour un *assolement*. Cela dépend nécessairement de la nature du sol, du climat et de la

3*

quantité d'eau dont on peut disposer pour arroser : ce qui convient sur un point ne convient pas sur un autre. Chaque propriétaire doit avoir étudié son terrain, le connaître à fond, savoir ce qui y réussit le mieux, quels sont les produits dont il tire le meilleur parti, et choisir en conséquence les cultures qu'il doit faire entrer dans son *assolement*.

Cela dit, voici un exemple qui pourra servir de guide dans tous les cas.

Supposons qu'un propriétaire ait un domaine qu'il veut assoler, et que ce domaine soit d'une contenance de six hectares, dont un en vieilles prairies et cinq en terres labourables : il laisse d'abord en dehors de son assolement les vieux prés qu'on ne doit rompre que lorsqu'il faut les renouveler. Il lui reste donc les cinq hectares de champs.

Supposons encore que ce propriétaire veuille assoler son domaine de manière à avoir, chaque année, un cinquième en ce qu'on appelle RÉCOLTES SARCLÉES, c'est-à-dire en pommes de terre, ou betteraves, navets, fèves, féveroles, etc., deux cinquièmes en blé ou en céréales du printemps, et deux cinquièmes en trèfle, sainfoin ou autres prairies artificielles : il faut qu'il combine ces cultures de manière qu'elles se suivent toujours aussi, dans le même ordre, sur chaque terre.

Pour cela, il divise ses cinq hectares de champs en cinq parties égales auxquelles on donne le nom de SOLES, et qu'il distingue les unes des autres par des numéros. Il a donc CINQ SOLES d'un hectare chacune, et qu'il désignera par 1re SOLE, 2e SOLE, 3e SOLE, 4e SOLE et 5e SOLE.

Admettons maintenant qu'il veuille mettre son ASSOLEMENT à exécution à partir de 1856 ; il devra avoir :

En 1856, des pommes de terre ou betteraves, etc., dans la 1re sole, du blé ou des céréales du printemps dans la 2e et la 5e, et des prairies artificielles dans les 3e et 4e ;

En 1857, du blé ou des céréales du printemps dans la 1re et la 4e soles, des prairies artificielles dans la 2e et la 3e, et des pommes de terre, etc., dans la 5e ;

En 1858, des prairies artificielles dans les 1re et 2e soles, du blé ou des céréales du printemps dans les 3e et 5e, et des pommes de terre, etc., dans la 4e ;

En 1859, des prairies artificielles dans les 1re et 5e soles, du blé ou des céréales du printemps dans la 2e et la 4e, et des pommes de terre, etc., dans la 3e ;

Enfin, en 1860, du blé ou des céréales du printemps dans les 1re et 3e soles, des pommes de terre, etc., dans la 2e, et des prairies artificielles dans la 4e et la 5e.

Après les récoltes de 1860, la première révolution de l'ASSOLEMENT serait terminée ; on recommencerait comme en 1856, et ainsi de suite à perpétuité.

Cette combinaison se trouve expliquée plus clairement encore par le tableau ci-après, dans lequel les mots RÉCOLTES SARCLÉES veulent dire pommes de terre, ou betteraves, ou fèves, ou haricots, ou navets, etc.

ANNÉES	1re SOLE.	2e SOLE.	3e SOLE.	4e SOLE.	5e SOLE.
1856	Récoltes sarclées.	Blé ou céréales du printemps, avec prairie.	Prairie artificielle.	Prairie artificielle.	Blé ou céréales du printemps.
1857	Blé ou céréales du printemps, avec prairie.	Prairie artificielle.	Prairie artificielle.	Blé ou céréales du printemps.	Récoltes sarclées.
1858	Prairie artificielle.	Prairie artificielle.	Blé ou céréales du printemps.	Récoltes sarclées.	Blé ou céréales du printemps, avec prairie.
1859	Prairie artificielle.	Blé ou céréales du printemps.	Récoltes sarclées.	Blé ou céréales du printemps, avec prairie.	Prairie artificielle.
1860	Blé ou céréales du printemps.	Récoltes sarclées.	Blé ou céréales du printemps, avec prairie.	Prairie artificielle.	Prairie artificielle.
1861	Récoltes sarclées.	Blé ou céréales du printemps, avec prairie.	Prairie artificielle.	Prairie artificielle.	Blé ou céréales du printemps.
1862	Blé ou céréales du printemps, avec prairie.	Prairie artificielle.	Prairie artificielle.	Blé ou céréales du printemps.	Récoltes sarclées.
1863	Prairie artificielle.	Prairie artificielle.	Blé ou céréales du printemps.	Récoltes sarclées.	Blé ou céréales du printemps, avec prairie.
1864	Prairie artificielle.	Blé ou céréales du printemps.	Récoltes sarclées.	Blé ou céréales du printemps, avec prairie.	Prairie artificielle.
1865	Blé ou céréales du printemps.	Récoltes sarclées.	Blé ou céréales du printemps, avec prairie.	Prairie artificielle.	Prairie artificielle.

On reconnaît, en examinant ce tableau, que le propriétaire du domaine assolé a complétement atteint le but qu'il s'était proposé ; car, si on suit les lignes en travers, on voit qu'il a, chaque année, un cinquième de ses terres formant une SOLE en pommes de terre ou autres plantes comprises dans les récoltes sarclées, deux cinquièmes en blé ou céréales du printemps et deux cinquièmes en prairies artificielles.

En suivant, au contraire, les colonnes de haut en bas, on reconnaît qu'il y a, dans CHAQUE SOLE, un an des récoltes sarclées, deux ans du blé ou céréales du printemps, deux ans de prairies artificielles, et que ces récoltes se succèdent dans un ordre constamment régulier, puisqu'on a toujours et partout du blé après les récoltes sarclées, des prairies artificielles après le blé ou des céréales du printemps, encore du blé après les prairies artificielles et des récoltes sarclées après le blé.

Le tableau a été fait pour dix ans, et par conséquent pour deux révolutions entières de l'assolement, afin qu'on comprenne bien que les alternances de cultures qu'on a établies peuvent avoir lieu à perpétuité, à moins que quelque circonstance imprévue, telle, par exemple, que l'insuccès absolu d'un ensemencement de prairies artificielles, ne vienne jeter un trouble momentané dans l'ordre des successions de culture.

Il est bien entendu, encore une fois, que le TABLEAU D'ASSOLEMENT qu'on a vu ci-devant, n'est pas un modèle auquel on est dans l'obligation de se conformer ; ce n'est, au contraire, qu'un EXEMPLE fort simple présenté dans le but de bien expliquer ce qu'est un ASSOLEMENT, et comment on peut combiner les alternances de culture de manière à avoir toujours des contenances égales portant des récoltes différentes, et de telle sorte en même temps que ces récoltes se succèdent toujours dans le même ordre, dans chaque SOLE.

On peut mettre indifféremment une sole entière en pommes de terre ou en betteraves, ou en fèves, ou en autres plantes dites récoltes sarclées, ou mettre un peu de chacune de ces plantes dans la sole ; mais une RÉCOLTE SARCLÉE doit nécessairement entrer dans tout bon assolement et précéder une récolte de blé, parce qu'elle fait disparaître complétement les mauvaises herbes, et que le blé trouve la terre parfaitement nettoyée quand on le sème.

En mettant dans l'assolement deux récoltes de blé ou de céréales du printemps, comme on l'a vu dans le tableau qui est ci-devant, il faut toujours semer la prairie dans la récolte de céréales qui succède à celle sarclée.

On peut conserver les prairies artificielles pendant trois ans, au lieu de deux, et cela n'en vaut que mieux.

On peut, enfin, augmenter le nombre d'années indiqué pour la RÉVOLUTION DE L'ASSOLEMENT, et y faire entrer d'autres cultures, telles que gesses, ers, vesces et autres plantes légumineuses, auxquelles on attribue la propriété, non-seulement de ne pas épuiser la terre, mais encore de la disposer à recevoir et à faire prospérer des récoltes de céréales. Plusieurs de ces plantes présentent même cet avantage qu'on peut, suivant les besoins qu'on a, les laisser mûrir ou les couper en vert et obtenir de cette façon d'excellent fourrage.

Pour tout cela, comme on l'a déjà dit, chaque propriétaire doit combiner son assolement selon ses convenances, la nature de ses terres, le climat et ce qu'il a d'eau pour les récoltes qui en exigent, en ayant toujours soin, néanmoins, de ne jamais faire revenir les mêmes récoltes sur CHAQUE SOLE, à des intervalles trop rapprochés.

Il est malheureusement bien difficile, sinon impossible, de suivre un système d'assolement parfaitement régulier dans les pays comme les Alpes, où l'on éprouve de brusques et fréquentes variations de température, et où l'on rencontre des obstacles de toute espèce dans l'inclémence du climat. On ne peut pas y limiter d'une manière absolue la durée d'une prairie artificielle, et l'on ne peut la rompre que lorsqu'on est sûr de la réussite de celle qui doit la remplacer, sous peine de s'exposer à manquer de fourrages. Il suffit donc qu'un semis de prairies artificielles manque pour troubler l'ordre régulier des successions de culture; mais un cultivateur intelligent trouve toujours le moyen de revenir à son assolement ou de s'en rapprocher le plus possible. Le point essentiel est qu'on comprenne bien le but et l'importance d'un ASSOLEMENT.

CHAPITRE VII.

DES PRAIRIES ARTIFICIELLES.

On a sans doute remarqué que, dans l'exemple d'un assolement présenté ci-devant, les prairies artificielles doivent exister dans chaque sole deux ans sur cinq, et qu'il a été dit ensuite qu'on peut même ne les rompre qu'après trois ans, pourvu, cependant, qu'on prolonge la durée de la révolution de l'assolement d'un an au moins ; c'est parce que ces prairies se composent généralement de plantes qui, ayant beaucoup de feuilles, puisent dans l'air la presque totalité de leur nourriture, et qu'on donne par conséquent à la terre le temps de se rétablir de l'état d'épuisement dans lequel l'ont mise d'autres récoltes qui ne vivaient guère qu'à ses dépens.

Et cette raison n'est pas la seule. En agriculture, les prairies artificielles remplissent l'un des rôles les plus importants.

Les proverbes, dit-on, sont la sagesse des nations. En voici un qui justifie si pleinement cette assertion que les cultivateurs devraient le faire imprimer par centaines d'exemplaires et en tapisser leurs habitations, afin que, l'ayant sans cesse devant les yeux, ils ne pussent jamais oublier qu'il doit être la règle invariable de leur conduite.

Voulez-vous avoir du blé? Faites du foin ! dit ce proverbe.

Et il n'y a rien au monde de plus vrai.

On ne peut avoir des récoltes abondantes qu'à la double condition de bien travailler et de fumer convenablement les terres destinées à les produire.

Mais, pour bien fumer, il faut une quantité considérable d'engrais.

Pour avoir beaucoup d'engrais et pouvoir donner aux terres toutes les façons dont elles ont besoin, il faut nécessairement assez de bestiaux.

Et comment tenir beaucoup de bestiaux, si on n'a pas tous les fourrages nécessaires pour les nourrir ?

Les fourrages sont donc la base essentielle

des produits dans un domaine; et, comme
les vieilles prairies ne peuvent jamais en donner suffisamment, il faut absolument avoir
beaucoup de prairies artificielles. Ce but se
trouve encore rempli en faisant entrer ces prairies, dans l'exemple d'assolement que nous
avons vu, pour deux ans sur cinq, ou, en
d'autres termes, pour les deux cinquièmes de
la surface des terres arables.

Tout le monde sait avec quelle facilité les
mauvaises herbes poussent dans les champs,
et surtout au milieu du blé auquel elles nuisent
de toutes façons. Quand il commence d'y en
avoir, elles se propagent de plus en plus, et
bientôt elles y pullulent si on ne change pas de
culture.

Les récoltes sarclées les font disparaître
parfaitement, et c'est pour cela qu'on les met
avant celles de blé; mais il en revient dans ces
dernières, ou dans celles d'autres céréales,
surtout si on en fait deux ans de suite. On
s'efforce bien de les détruire par des sarclages,
mais on ne peut pas y parvenir, d'abord parce
qu'il y en a de si petites qu'on ne peut pas les
pincer, et que, par conséquent, on en laisse tou-

jours une assez grande quantité; en second lieu, parce que le plus souvent, en voulant les arracher, on les casse, et que, leurs racines restant dans la terre, elles ne tardent pas à repousser.

On ne réussit pas mieux à s'en débarrasser avec la charrue par deux motifs : le premier, c'est que, de même qu'avec la main, on en casse le plus grand nombre et qu'elles repoussent alors d'autant plus facilement que le sol est ameubli; le second, c'est qu'on ne peut labourer qu'après avoir récolté le blé ou tout autre céréale, et conséquemment qu'à une époque où la graine des plantes nuisibles a eu le temps de se former, de mûrir et de se répandre sur le terrain, de sorte qu'après le premier labour, le champ se trouve parfaitement ensemencé en mauvaises herbes pour l'année suivante, quand le labour n'est pas très-profond.

Les prairies artificielles remédient à ce mal, en attendant les récoltes sarclées, et cela est indispensable lorsque, dans un assolement, on met entre elles une récolte de céréales. Ces prairies font très-bien disparaître toutes les plantes parasites; car les unes sont étouffées

par les plantes fourragères à raison de l'état
serré dans lequel celles-ci croissent ordinairement, et les autres sont fauchées avec le fourrage longtemps avant l'époque où leur graine
aurait pu mûrir, de sorte qu'il leur est impossible de se reproduire par leurs semences.

Enfin, en rompant les prairies artificielles,
on laisse leurs racines dans le sol, et l'on y
enfouit en même temps les portions de chaque
plante qui existaient à l'extérieur. Tout cela,
racines et tiges, produit un excellent effet
dans la terre; elles y agissent d'abord comme
amendement en facilitant la division des molé-
cules dont cette terre se compose, et plus tard
comme engrais, au moment de leur décom-
position, c'est-à-dire quand elles pourrissent.

Ainsi, les avantages qu'obtient un propriétaire en consacrant une bonne partie de son
terrain à des prairies artificielles, sont :

1° De pouvoir tenir une plus grande quantité
de bestiaux, puisqu'elles lui donnent les moyens
de les nourrir;

2° De travailler bien mieux ses terres, à
raison de l'augmentation de force que procure
un plus grand nombre de bestiaux;

3° De faire beaucoup plus d'engrais;

4° D'avoir toutes ses terres constamment en produit, au lieu de faire des jachères, comme on en voit beaucoup trop encore;

5° De détruire les mauvaises herbes qui croissent en abondance dans les champs;

6° De procurer à ses terres un amendement et une fumure par les racines et les tiges ou portions de tiges des plantes qui y sont enfouies;

7° D'avoir des récoltes plus abondantes en ensemençant beaucoup moins de terrain, à raison de la quantité d'engrais dont il dispose et des moyens qu'il a de mieux cultiver;

8° De laisser reposer ses terres pendant qu'elles sont couvertes de prairies artificielles, puisque la plupart des plantes dont se composent ces prairies se nourrissent principalement aux dépens de l'air.

On n'obtient, toutefois, ce dernier avantage qu'à la condition de ne jamais faucher trop tard, ainsi qu'on va le voir au chapitre ci-après.

CHAPITRE VIII.

DE LA RÉCOLTE DES FOURRAGES.

Tous les travaux agricoles ont besoin d'être faits en temps opportun ; il y a un moment qu'il faut saisir : si on le laisse échapper, on éprouve infailliblement des pertes plus ou moins sensibles, et qui sont considérables surtout quand il s'agit du ramas des récoltes.

Tout le monde comprend la justesse de cette observation, et pourtant on pourrait croire que la plupart des cultivateurs n'en tiennent pas compte, quant à la récolte de leurs fourrages, qu'ils font généralement beaucoup trop tard; mais on les en accuserait injustement. Ces braves gens n'ont que le tort de se tromper sur l'époque de la maturité; ils croient de bonne foi faucher leurs prés au moment convenable, qui est toujours passé depuis longtemps quand ils le supposent arrivé.

Il est d'un grand intérêt pour le public, et

surtout pour eux, de leur prouver qu'ils reculent beaucoup trop ce moment, aussi bien pour les vieux prés que pour les prairies artificielles, et que diverses considérations également puissantes doivent les déterminer à modifier, sous ce rapport comme sous tant d'autres, leurs vieilles et fatales habitudes.

La plus importante de ces considérations est celle-ci : on regarde la plupart des plantes fourragères comme PLANTES REPOSANTES, parce que, puisant dans l'atmosphère, au moyen de leurs feuilles, la plus grande partie de leur nourriture, elles ne demandent presque rien à la terre. Mais leur goût et leurs besoins se modifient aussitôt que leurs graines commencent à se former. A partir de ce moment, leur nutrition ne s'opère presque plus qu'aux dépens du sol : elles deviennent même de plus en plus exigeantes à mesure que la graine approche de sa maturité.

Il en est d'elles comme de nous. Tant que nous sommes très-jeunes, nous n'avons besoin que de lait et de bouillie; mais quand nous sommes devenus hommes, il nous faut quelque chose de plus solide. Le lait ne nous donne pas les forces nécessaires pour travailler, tandis qu'un verre de vin nous fait grand bien.

Les plantes changent donc complétement de caractère, c'est-à-dire que de PLANTES REPOSANTES, elles deviennent PLANTES ÉPUISANTES à dater de l'époque de la formation de leurs semences ; de sorte qu'on ne peut les laisser sur pied après cette époque, sans préjudice pour la terre, et que l'un des buts qu'on s'est proposé en créant des prairies artificielles est manqué, puisqu'elles augmentent l'épuisement causé par la culture des céréales, au lieu de donner au sol les moyens de le réparer.

D'autre part, en restant sur plante jusqu'à ce qu'il ait acquis le degré de dessiccation considéré généralement comme sa maturité dans beaucoup de pays, le fourrage perd à la fois sous le rapport du poids et de la qualité. Sans doute il ne faut pas le couper trop vert, parce qu'alors il diminue considérablement par l'effet de l'évaporation, et n'a plus, d'ailleurs, ni consistance, ni goût; mais, d'un excès, il ne faudrait pas passer à l'autre, et c'est ce qu'on fait malheureusement, car on voit tous les ans une grande quantité de prairies tant naturelles qu'artificielles qui sont fauchées trois semaines ou un mois trop tard. On attend souvent, pour couper les fourrages, qu'ils soient secs comme de la paille, et qu'ils aient conséquemment perdu la plus grande partie de leurs sucs nutritifs et la presque totalité de leur saveur.

Il est pourtant bien aisé de comprendre que la diminution de leur poids, de leur saveur et de leurs qualités nutritives est une conséquence naturelle de la dessiccation excessive des plantes.

Beaucoup de cultivateurs disent que la diminution du volume et du poids du fourrage s'opérera dans la prairie ou dans la grange, après la coupe, si elle n'a pas lieu sur pied. Il est certain que si l'on compare entre eux du fourrage coupé trop vert, du fourrage abattu au moment de sa véritable maturité et du fourrage fauché quand, ayant déjà séché sur plante, il est jaune comme de la paille et vaut moins qu'elle, on trouvera qu'il y a des uns aux autres, sous le rapport de la diminution du volume et du poids, après la coupe, une différence considérable.

Le premier diminuera plus que les deux

autres, parce que, n'ayant pas encore acquis toute sa consistance, il contiendra une grande quantité de parties aqueuses dont il faudra qu'il se débarrasse.

Le second diminuera moins que le premier, mais plus que le troisième, parce qu'il contiendra de l'humidité et qu'il faudra qu'elle s'évapore.

La diminution du troisième sera presque nulle, au contraire, parce qu'il aura déjà perdu, en séchant sur plante, non-seulement tout ce qu'il avait à perdre, mais beaucoup plus qu'il n'aurait dû perdre.

Mais ce n'est pas sur de telles comparaisons qu'on peut fonder un raisonnement solide. Il s'agit de savoir quel serait le poids de la récolte de fourrage d'un pré quelconque, après être restée dans la grange pendant un certain temps, en supposant qu'elle eût été coupée au moment convenable, et ce que pèserait cette même récolte, après un séjour égal dans la grange, si elle n'avait été fauchée que lorsqu'elle avait au moins aux trois quarts séché sur pied. Bien certainement elle pèserait plus dans le premier cas que dans le second, parce que, dans la première hypothèse, elle aurait séché convenablement après la coupe, tandis que, dans la deuxième, elle aurait été brûlée sur plante par le soleil le plus ardent de l'année.

En d'autres termes, le fourrage perd seulement son humidité en séchant sur le pré, si on le coupe en temps opportun, et il est littéralement rôti quand la dessiccation complète s'opère sur pied. En un mot, l'un est sec et l'autre desséché; il y a entre eux une différence semblable à celle qui existe entre un pain cuit et un pain brûlé : le premier est agréable au goût et nourrissant, le second n'a plus la moindre saveur et ne fait aucun profit.

Il faut encore qu'on comprenne bien que, si on ne doit pas laisser les fourrages se DESSÉCHER SUR PLANTE, en acquérant un excès de maturité, il est néanmoins toujours indispensable de les laisser sécher parfaitement sur la prairie, quand on les a coupés, avant de les rentrer.

La coupe tardive des fourrages offre encore d'autres inconvénients qui ne sont pas sans gravité.

Dieu, dont les œuvres sont si parfaites; Dieu, qui a tout réglé si admirablement, a dû mettre nécessairement, entre l'époque de la maturité du fourrage et celle de la maturité du blé, tout le temps nécessaire pour que la première de ces récoltes soit terminée quand vient le moment de s'occuper de la seconde. Ainsi, quand la moisson nous surprend au milieu de la fenaison, comme cela nous arrive malheureusement trop souvent, nous devons en conclure que nous nous sommes mis à faucher beaucoup trop tard.

Comme la récolte des fourrages ne peut plus alors être différée, et que nous perdrions bien plus encore en retardant celle du blé, nous ne savons plus où donner de la tête, car nous aurions besoin de faire les deux choses à la fois, et, si nous ne le pouvons pas, ce qui est le cas le plus commun, elles souffrent l'une et l'autre.

Décidons-nous donc à couper nos fourrages en temps utile, et nous n'éprouverons jamais cet embarras.

Enfin, si on fauche trop tard les fourrages, c'est trop tard aussi qu'on pourra couper les regains, auxquels il faut donner le temps de pousser. Cela est si vrai qu'on en voit tous les ans une grande quantité surpris par des gelées

blanches ou par les pluies d'automne toujours
abondantes, et quelquefois même par la neige,
de sorte qu'on ne peut plus les rentrer que rôtis
ou mouillés, souvent l'un et l'autre, et qu'on
ne peut plus en faire que du fumier.

Il y a, pour les plantes comme pour les
animaux, la période du progrès et celle du
dépérissement. Lorsque les fleurs se flétrissent
et se dessèchent, toutes les forces de la végétation se portent sur l'ovaire : la plante ne profite donc plus et entre dans sa période de dépérissement. Cette époque, où commence le
travail de la formation de la graine, est celle
considérée avec raison, non-seulement par les
hommes instruits, mais par tous les praticiens
intelligents, comme la plus convenable pour
faucher une prairie, car la maturité des tiges
est complète, et il n'y a pas encore dessiccation.
Avant, c'est trop tôt; mais après, c'est trop
tard.

En choisissant cette époque, on a la plus
grande quantité et la meilleure qualité possibles
de fourrages; le sol n'a presque rien à fournir
aux plantes, qui l'épuisent, au contraire, par
leurs exigences, quand on permet aux semences

de se former et de mûrir; on a le temps de terminer la fenaison avant que le moment de couper les blés soit arrivé; enfin les regains, qui sont une ressource précieuse pendant l'hiver, sont plus abondants et d'une qualité telle qu'ils peuvent être employés en totalité à la nourriture des bestiaux, parce qu'on peut les couper plus tôt et les préparer parfaitement, en les rentrant par un temps sec au lieu de les laisser pourrir sur plante, et d'attendre, pour les enlever, que les pluies, les gelées blanches et la neige en aient fait litière sur le pré.

Et l'on ne se doute pas de l'importance de la perte que l'on s'impose ainsi de son plein gré, car un savant vient de prouver que le regain est beaucoup plus nourrissant que la première coupe de fourrage, et vaut mieux qu'elle quand il est rentré dans de bonnes conditions.

Voilà donc une foule d'avantages fort importants que tous les cultivateurs peuvent se procurer, en renonçant à des préjugés, à la routine, à de vieux et fâcheux usages auxquels tous les hommes raisonnables ne doivent jamais se lasser de faire la guerre.

Il importe cependant d'avoir des semences,

car elles coûtent cher ; et, d'ailleurs, si personne n'en récoltait, les espèces disparaîtraient ;
mais on peut en recueillir sans de grands inconvénients pour le sol. Il faut, pour cela, si
on a, par exemple, une pièce de sainfoin, choisir
la partie de cette pièce sur laquelle les plantes
présentent le plus de vigueur, et les laisser
arriver à leur maturité, mais couper tout le
reste en temps convenable.

Par ce moyen, la terre souffre peu, car elle
n'a à fournir la nourriture des plantes qui
donnent des semences, qu'une année sur trois
ou quatre, et sur une faible partie de la surface
totale occupée par la pièce de sainfoin.

CHAPITRE IX.

DE LA CULTURE ET DE LA RÉCOLTE DU BLÉ.

Le pain est la base essentielle de notre nourriture ; rien ne peut le remplacer : il n'y a donc

point de culture plus importante que celle du blé. Cette plante est si précieuse que nous ne lui donnerons jamais assez de soins.

On a déjà vu, au chapitre 3, intitulé « DE LA CULTURE DES TERRES » comment doivent être préparées celles destinées à recevoir du blé; mais, comme ce qui abonde ne nuit pas, je vais le rappeler sommairement.

Il faut deux bons labours qui se croisent, et faits assez soigneusement pour qu'il ne reste point de cru entre les raies. On doit les donner, autant que possible, dans les terres fortes, quand elles sont convenablement essorées, c'est-à-dire quand elles sont encore fraîches sans être humides, et dans les grès, qui se divisent plus aisément, lorsqu'ils sont encore légèrement humides. On peut en voir les motifs au chapitre 3.

Plus il peut s'écouler de temps entre l'époque de ces labours et celle où l'on sème, plus la terre profite des influences atmosphériques, et mieux cela vaut.

Il faut se servir d'un bon instrument de labourage, d'une charrue qui entre assez profondément dans la terre pour en ameublir une

forte couche et qui la retourne complétement.
Celle de Mathieu Dombasle est la meilleure
qu'on connaisse, et l'on ne peut trop la recom-
mander.

Après les labours, il faut encore passer la
herse, et quelquefois même briser avec une
masse les mottes qui restent, afin que la terre
soit bien divisée, bien ameublie. En fait de
herses, on n'en connaît point de plus parfaite
que celle de Valcour; elle a la forme d'une
losange. On fera bien de lui donner la préférence quand on voudra en acheter une.

On ne doit jamais attendre que l'époque des
semailles soit arrivée pour se procurer les semences nécessaires. C'est un objet auquel il
est fort important de songer d'avance. Il faut,
autant qu'on le peut, ne pas semer le blé qu'on
a récolté, et, dans tous les cas, changer au
moins ses semences de temps en temps, sinon
tous les ans. Celles qui réussissent le mieux
dans les Hautes-Alpes sont celles qu'on tire
des environs de Sisteron. Il faut bien se garder
surtout de semer sur une terre le blé qu'on
vient d'y récolter, car le blé, comme toutes les
autres plantes, dégénère quand on veut le

forcer à se reproduire plusieurs fois de suite sur le même sol.

Souvent on s'étonne, on se lamente quand on voit, dans son blé, du charbon ou de la carie, qui est une autre espèce de charbon, et l'on accuse la Providence, tandis que nous devrions, au contraire, la remercier de nous avoir donné les moyens de prévenir ces maux qui nous font souvent éprouver des pertes considérables, et nous reprocher à nous-même d'avoir négligé de faire usage de ces moyens.

Chaulons soigneusement nos semences ou passons-les au vitriol, et nous n'aurons pas à redouter ce danger. Ces opérations ne sont ni assez longues, ni assez coûteuses, ni assez difficiles, pour que nous soyons tentés de les négliger.

Pour le chaulage, le ministère de l'agriculture a donné, au mois d'octobre 1854, une instruction ainsi conçue :

« Faire fondre deux kilogrammes de sulfate de soude dans vingt litres d'eau.

« Ou bien faire bouillir pendant une heure dix litres de cendres de bois dans 30 litres d'eau.

« Tremper la semence dans la lessive ou dans la dissolution de sulfate de soude et l'étendre ensuite sur un terrain uni, répandre dessus immédiatement de la chaux vive, et retourner promptement avec une pelle, de telle sorte que tous les grains soient bien couverts de chaux.

« Semer dans la journée le grain ainsi préparé le matin.

« Les grains qui surnagent en les plongeant dans la lessive doivent être enlevés. »

Pour passer le blé au vitriol, on prend, pour un hectolitre de blé, cent vingt-cinq grammes environ (quatre onces) de VITRIOL BLEU; on le fait dissoudre avec de l'eau dans un pot de terre; on vide ensuite cette dissolution dans un grand baquet et l'on y ajoute de l'eau, jusqu'à ce que cette eau n'ait plus qu'une couleur légèrement verdâtre, et qu'en en mettant une goutte au bout de la langue, son goût n'ait plus qu'un peu d'âcreté. On met ensuite du blé dans un panier qu'on trempe deux ou trois fois dans le baquet; on enlève soigneusement tout ce qui surnage, puis on vide le blé ainsi mouillé pour le faire sécher, et l'on recommence après avoir rempli de nouveau le panier.

5

On peut semer le blé ainsi préparé environ huit heures après son immersion ; mais si on le laisse vingt-quatre heures, c'est mieux encore.

Ce procédé a, sur le chaulage, cet avantage qu'on peut conserver le blé indéfiniment, et qu'il n'y a aucun inconvénient à en faire du pain après l'avoir lavé. Il est indiqué par Mathieu Dombasle, et beaucoup de cultivateurs fort intelligents le préfèrent au chaulage.

Cent vingt-cinq grammes de vitriol bleu coûtent environ 0,80 centimes, et l'on n'emploie même pas cette quantité par hectolitre, quand on veut en préparer plusieurs.

C'est dans des semailles faites bien soigneusement et en temps opportun que repose principalement l'espoir d'une bonne récolte pour l'année suivante. Il arrive parfois, à la vérité, que les blés faits tardivement sont les plus beaux ; mais cela se voit une année sur dix. Semons toujours de bonne heure, et n'oublions jamais qu'en général, les récoltes précoces sont les meilleures.

Il est important, pour les semailles comme pour les labours, d'opérer dans un terrain bien

essoré : le moment le plus favorable est celui
où l'on a l'espoir de voir tomber une bonne
pluie quand le travail est terminé.

J'ai dit, au chapitre 3, pourquoi l'on ne doit
pas trop enterrer les semences, notamment
dans les terres fortes. La herse est l'instrument
qui convient le mieux pour ce travail, d'abord
parce que, ne recouvrant les grains que d'une
faible couche de terre, il y en a fort peu qui ne
lèvent pas, et qu'on peut conséquemment
épargner de la semence ; en second lieu , parce
qu'on couvre dans un jour quatre ou cinq fois
autant de surface qu'avec l'araire , et qu'on économise ainsi beaucoup de temps , ce qui est un
immense avantage à une époque de l'année où
toutes les heures sont d'un grand prix ; enfin ,
parce que les bestiaux employés pour recouvrir
les semences tassent fortement le sol sur tous
les points où ils posent leurs pieds , et que la
herse qui les suit remédie immédiatement à ce
mal , quand c'est cet outil qu'on emploie.

J'ai dit, toutefois aussi, et je le rappelle,
que les semences ont besoin d'être un peu
plus enterrées dans les sols légers que nous
nommons grès que dans les grosses terres,

parce que l'air et la lumière, qui y pénètrent plus facilement, sont un obstacle au développement parfait des grains, et parce les grès conservent difficilement de l'humidité près de la surface.

Aussitôt qu'on a fini d'enterrer les semences, il faut ouvrir un assez grand nombre de rigoles dans le sens des pentes, ainsi que je l'ai déjà dit au chapitre 3, et les curer soigneusement, afin de donner un écoulement aux eaux pluviales qui, sans cela, ravineraient les terrains pentueux et étoufferaient les plantes dans ceux qui sont plats, en y séjournant.

On a vu, dans le tableau d'assolement inséré au chapitre 6, que, dans chaque terre, le blé ou d'autres récoltes de céréales viennent toujours après des récoltes sarclées ou des prairies artificielles. Cela a une très-grande importance, parce que le blé trouve alors un sol propre, les mauvaises herbes qui y existaient ayant été détruites par les récoltes sarclées ou par les prairies.

L'EXCÈS EN TOUT EST UN DÉFAUT, dit un proverbe, et cela ne peut pas être contesté. Les terres destinées à produire du blé doivent renfermer des éléments suffisants, mais non surabondants de fertilité. Si elles sont trop maigres, le blé ne peut pas y prospérer; si elles contiennent trop d'engrais, le blé pousse au contraire avec trop de vigueur; il verse quand approche le moment de sa maturité, et, au lieu d'une magnifique récolte que faisaient espérer les apparences, on n'a plus qu'une faible quantité de grain de mauvaise qualité et de la paille rouillée qu'on ne peut utiliser que pour du fumier.

C'est encore pour cela que, dans le tableau d'assolement, le blé se trouve toujours après des prairies artificielles ou des récoltes sarclées, qui ont reçu de bonnes fumures, de sorte qu'il est dans le milieu qui lui convient, c'est-à-dire dans un sol qui n'est ni trop riche ni trop appauvri, et qui a été débarrassé par les récoltes précédentes de toute plante parasite.

On comprend, d'après cela, que lorsqu'il nous arrive de fumer un champ, l'année où nous voulons y semer du blé, il faut le fumer modérément, à moins qu'il ne soit trop épuisé.

Les champs de blé ont besoin d'être sarclés avec beaucoup de soin avant l'épiage, car il y

croît toujours de mauvaises herbes, quelque
bien nettoyé que fût le sol à l'époque de l'ensemencement. Ces mauvaises herbes causent
un double préjudice : elles contribuent à épuiser la terre, en vivant à ses dépens, et elles
empêchent la circulation de l'air au milieu des
plantes, de sorte que, la chaleur s'y concen-
trant, le blé se presse, mûrit trop vite, *échau-
de* (1), en un mot, et l'on perd une partie du
produit qu'on espérait.

Les blés *échaudent* également si, aux appro-
ches de leur maturité, ils se trouvent exposés
à un soleil ardent quand leurs épis sont chargés
d'eau provenant, soit d'une pluie, soit d'une
rosée un peu abondante. Dans certains pays on
les préserve de ce danger en les CORDANT. Le
matin, avant le lever du soleil, s'il est possible,
quand il est tombé une forte rosée, et, dans la
journée, après une pluie d'orage à laquelle
succède brusquement un coup de soleil, deux

(1) Si je ne me trompe, le mot *échauder* n'est pas
français avec la signification que je lui donne ; je l'emploie,
néanmoins, parce que c'est celui par lequel on désigne,
dans les Hautes-Alpes, le fâcheux phénomène dont je
parle.

personnes munies d'une corde qu'elles tiennent chacune par un bout, parcourent les champs de blé en marchant parallèlement dans les sillons, et en tenant cette corde bien tendue, de sorte qu'elle renverse devant elle les épis, et leur imprime un mouvement d'ondulation qui les débarrasse de l'eau dont ils sont chargés, et qui les brûle en s'échauffant sous l'action des rayons solaires.

Deux personnes cordent aisément une grande étendue de blé en moins d'une heure, et le temps que prend ce travail est largement payé par les résultats qu'on en obtient.

Sans doute, il ne faut pas couper les blés trop tôt, quand rien ne commande de le faire, mais il y a des inconvénients beaucoup plus graves à les couper trop tard; car, dans ce dernier cas, le grain tombe naturellement de l'épi avec une extrême facilité au moment où on moissonne, ou quand on veut changer les gerbes de place, et c'est du bien perdu.

Il est même des circonstances où il ne faut pas craindre de le couper quoiqu'il soit encore vert, c'est quand il a versé, soit par l'effet naturel du poids des épis, soit par suite d'une pluie d'orage. Une fois renversée, la tige prend la rouille et la plante dépérit au lieu de prospérer. Mais, après avoir moissonné, il faut immédiatement mettre le blé en *moyettes* ou *meulons*, et sa maturité se complète alors.

Diverses expériences positives ont prouvé qu'on peut, sans inconvénient, moissonner le blé quand le bout de sa tige est encore vert, et que le blé récolté ainsi n'en est que plus beau, plus pesant et plus apprécié des acheteurs. M. de Gasparin, membre de l'Institut et l'un de nos plus savants agronomes, dit que cette maturité suffisante devance, de neuf à treize jours, celle que les agriculteurs appellent complète, et il affirme même que les grains de blé sont déjà susceptibles de germer, et par conséquent de servir de semences, quand la matière farineuse qu'ils renferment est encore presque en lait.

Le blé est un grain si précieux, qu'au moment où nous le recueillons, nous devons prendre toutes les précautions imaginables pour le préserver de la pluie, de l'humidité, en un mot, de toutes les intempéries susceptibles de diminuer la quantité que nous pouvons espérer d'une récolte ou d'en altérer la qualité.

Tous nos cultivateurs savent mettre leur blé en meulons et ils n'y manquent jamais ; mais ils ne le font qu'après la mise en gerbes, et il se présente beaucoup de cas où il importe de mettre le blé à l'abri des intempéries avant qu'on ait eu le temps de lier les gerbes. Le ministère de l'agriculture, du commerce et des travaux publics a donné, à ce sujet, d'excellentes instructions, et je ne puis mieux faire que de les transcrire littéralement ; les voici :

CONSERVATION
DES BLÉS NOUVELLEMENT COUPÉS.

INSTRUCTION
Sur les procédés à employer.

« A l'époque de l'approche des moissons, et pour le cas où elles devraient être faites par un temps pluvieux, il a paru utile de rappeler aux cultivateurs les procédés le plus généralement usités pour assurer la conservation des grains nouvellement coupés , soit avant, soit après la mise en gerbes. »

« Il convient de signaler d'abord celui que M. Mathieu de Dombasle indique dans le *Calendrier du bon cultivateur*, page 230. »

« Dans les étés excessivement pluvieux qui se sont succédé de 1828 à 1831, je me suis très-bien trouvé d'une méthode usitée dans quelques cantons de la Normandie, et qui consiste à mettre le blé, après le faucillage, en meulons ou *moyettes*, et j'ai reconnu, dans toutes les circonstances, que le grain y acquiert une qualité supérieure à celle du blé qui a été traité autrement. J'ai continué, depuis cette époque, à faire mettre en meulons presque tous mes blés. Cette méthode convient également à l'orge, et je ne pense pas qu'il existe aucun moyen aussi assuré de sauver cette récolte de toute avarie dans les saisons pluvieuses. Ces meules se font de la manière suivante :

« On place sur un endroit sec et élevé des

champs une javelle que l'on replie sur elle-même vers le milieu de la longueur de la paille, en sorte que les épis ne posent pas à terre, mais viennent s'appuyer sur l'extrémité opposée de la javelle. Un homme, auquel cinq ou six femmes apportent successivement les javelles, construit le meulon en les plaçant circulairement autour de la javelle repliée, tous les épis dirigés au centre et reposant sur cette javelle, en sorte que le meulon a pour diamètre deux fois la longueur du froment (1). Sur le premier rang des javelles, il en pose un

---

(1) « A Roville, on employait aussi pour la confection du meulon, suivant ce que rapporte M. Antoine, dans la *Maison rustique du XIXe siècle*, la méthode suivante :

« Après avoir aplani grossièrement le sol en le foulant aux pieds, on dépose triangulairement trois javelles disposées de manière que les épis ne touchent pas le sol. Sur cette première base, on place circulairement un rang de javelles, les épis convergeant vers le centre et se touchant en ce point. On continue à disposer pareillement plusieurs lits successifs, jusqu'à ce qu'on soit arrivé à une hauteur de 1 mètre 53 centimètres environ. Alors les couches de grains se placent de manière que les épis se croisent au centre, ce qui ne tarde pas à élever ce point au-dessus de tous les autres. La paille prend une inclinaison de haut en bas comme un toit, disposition qui facilite l'écoulement des eaux pluviales.

second placé de même, et continue ainsi en maintenant d'aplomb les parois circulaires du meulon, jusqu'à ce que celui-ci soit parvenu à la hauteur d'environ un mètre. Tous les épis étant réunis au centre, ce point se trouve plus élevé que le pourtour, circonstance fort essentielle, parce que tous les brins de paille ayant ainsi une pente vers le dehors du meulon, l'eau qui pourrait s'y insinuer tend toujours à s'écouler au dehors. Lorsque le meulon est arrivé à cette hauteur, on continue à l'élever de même en croisant toujours un peu plus les épis au centre, ce qui diminue graduellement le diamètre du meulon. Lorsque celui-ci est arrivé à la hauteur de 1 mètre 65 centimètres environ, le centre se trouve fortement bombé et en forme de cône; on le couvre alors d'une gerbe liée près de son extrémité inférieure, en la renversant sur le sommet du cône, et l'on arrange avec soin les épis tout autour, afin que toute la surface du cône soit également couverte. Lorsque les grains ne contiennent pas beaucoup d'herbes vertes et qu'ils ne sont pas mouillés au moment où on les faucille, on peut les mettre en meulons immédiatement après qu'ils

ont été coupés, quoique la coupe ait été faite
avant une complète maturité, comme je l'ai dit
tout à l'heure. Dans le cas contraire, il faut
attendre qu'ils soient passablement ressuyés ou
que l'herbe soit du moins amortie, mais on
peut toujours mettre le grain en meulons beaucoup avant l'instant où il serait possible de le
serrer dans les granges ou même de le lier en
gerbes. Une fois qu'il est en meulons, il peut
y rester huit ou quinze jours, ou même davantage, jusqu'à ce que le temps et les autres
travaux permettent de s'occuper de le rentrer :
il n'y souffre aucune intempérie, la maturité
du grain s'achève très-bien, et celui-ci prend
une très-belle qualité. »

« M. Crepet, propriétaire du département
de la Seine-Inférieure, a rappelé dernièrement
un procédé constamment employé, depuis 1816,
par la plupart des cultivateurs de ce département et de celui de l'Eure dans le même but,
et qu'il décrit ainsi :

« A mesure que le blé est coupé, prendre
successivement, en plusieurs brassées, une
quantité de tiges équivalente à cinq ou six gerbes
du poids de quinze kilogrammes ou environ,

les mettre debout, les lier au-dessous de l'épi avec quatre ou cinq autres tiges, ouvrir ensuite, enfin, les couvrir d'un *chapeau* formé de deux autres brassées, appliquées l'épi en bas, et qu'on assujettira avec un second lien plus fort et plus long que le premier. »

« A l'aide de ces précautions, qui ont du rapport avec ce qui se pratique pour le chanvre, la pluie ne fera que glisser le long des tiges, et alors même qu'elle aurait duré deux ou trois semaines, on pourra profiter du premier jour de beau temps pour mettre en gerbes, sans autre dommage qu'une légère altération peut-être de la paille, à la circonférence du *chapeau*.

« Ce procédé, qu'il serait si important de voir se propager, a depuis longtemps remplacé l'usage des javelles dans le département de la Seine-Inférieure. Il n'exige guère plus de main-d'œuvre, dans le cas même où un temps favorable permettrait de le négliger, et il en peut coûter beaucoup moins si un temps contraire mettait les cultivateurs dans l'obligation de tourner et retourner les *javelles*; il a d'ailleurs l'avantage de rendre la dépense de main-d'œuvre certainement utile, tandis que les javelles, quoique tournées et retournées, n'offrent plus, après plusieurs jours d'un temps humide, que du grain et de la paille avariés. »

« Une expérience de plus de trente ans a fait reconnaître :

« 1° Que le blé destiné à être mis en *vilottes* (tel est le nom donné, dans la Seine-Inférieure, à la petite meule que nous avons essayé de décrire) peut être coupé avant son entière maturité ; qu'une fois dans cette position, il achève de mûrir et profite encore dans une proportion plus remarquable que le blé resté en javelles ;

« 2° Que sa couleur plus belle lui fait donner la préférence dans les marchés et lui assure un prix plus élevé de deux francs au moins par sac de deux cents kilogrammes (deux hectolitres et demi) ;

« 3° Que la *vilotte*, dans les localités où elle est en usage, a procuré une plus grande valeur aux récoltes sur pied, par cela seul qu'elle garantit à l'acheteur la conservation de ce qui lui a été vendu ;

« 4° Enfin que, grâce à ce procédé, le grain s'échappe moins facilement de l'épi, et qu'il est, en outre, à l'abri des atteintes de la grêle. »

« Les cultivateurs qui ont adopté cet usage s'en sont si bien trouvés, qu'ils l'ont étendu à la récolte des seigles et des avoines, et qu'ils le pratiquent même alors que l'état de l'atmosphère leur inspire le plus de sécurité (1). »

« Enfin, M. de Dombasle, dans son CALENDRIER DU BON CULTIVATEUR, indique encore, mais pour les céréales après leur mise en gerbe, un autre moyen de conservation qui lui paraît offrir des avantages. »

« Lorsqu'on ne peut, dit-il, charrier immédiatement les gerbes liées, le moyen le plus efficace de les préserver du mauvais temps consiste à les disposer en croix, que l'on construit de la manière suivante : on place sur une partie élevée du billon deux gerbes opposées

(1) Cette méthode, qui est aussi usitée dans l'Artois, avait déjà été signalée à la société centrale d'agriculture, en 1845, par M. Mary, ingénieur en chef, professeur à l'école centrale des arts et manufactures, et décrite dans le Bulletin de ses séances, tome V, nᵒ 2, page 243. »

« Elle est rapportée également et citée avec éloges par M. le comte de Gasparin, dans son COURS D'AGRICULTURE, tome III, page 585. »

l'une à l'autre et disposées en ligne droite, de manière que les épis de l'une des deux couvrent ceux de l'autre. On place ensuite deux autres gerbes disposées de même, mais formant un angle droit ou une croix sur le milieu des premières: ces quatre gerbes ont ainsi leurs épis réunis au centre de la croix. On place ensuite deux autres gerbes couchées verticalement au-dessus des deux premières, puis deux autres au-dessus des deux gerbes qui forment l'autre branche de la croix. On ajoute un troisième rang de quatre gerbes disposées de même, de manière que la croix se compose de douze gerbes superposées, trois par trois, les unes aux autres, et dont tous les épis sont réunis au centre, qui se trouve un peu plus élevé, de manière que les quatre gerbes du rang supérieur ont une légère inclinaison du centre vers le dehors. On surmonte le tout d'une treizième gerbe que l'on renverse sur le centre de la croix, les épis tournés vers le bas, et arrangés symétriquement des quatre côtés. Si ces croix sont construites avec soin, les gerbes peuvent y supporter des pluies même assez prolongées, sans éprouver aucun dommage. »

6

C'est beaucoup déjà que d'empêcher le blé de se gâter dans les champs, en le mettant en *moyettes* ou *meulons* en temps utile, mais cela ne suffit pas; il faut encore veiller à sa conservation dans le grenier ou dans la chambre où on le dépose après l'avoir extrait de l'épi, car, si on l'y laisse trop longtemps, il est encore exposé à s'y gâter, en s'échauffant et en fermentant.

Le moyen le plus simple et le moins coûteux de le préserver de ce danger a été inventé par un nommé M. Kozalem, qui assure en avoir obtenu tout l'effet qu'il est possible de désirer. Voici en quoi consiste ce moyen.

On fait faire de petits tuyaux de fer-blanc, percés de mille trous, comme des râpes à sucre ou des écumoires; on les place dans l'endroit où l'on veut faire un tas de blé, sur leur base, qui doit être pourvue d'un tamis, afin que le grain ne puisse pas pénétrer dans leur intérieur; puis il ne reste qu'à vider les sacs de blé autour de ces petits tuyaux. Un ou deux suffisent pour un mètre cube de blé, équivalant à dix hectolitres.

La fermentation s'opère quelquefois au

milieu des tas de blé, parce que la chaleur s'y concentre faute d'issues. L'effet des petits tuyaux de M. Kozalem, qu'on nomme *pertuiseaux* dans le pays de l'inventeur, et qui, placés au milieu du blé, traversent le foyer de la chaleur, n'est point de contribuer au renouvellement de l'air, mais seulement de faciliter l'évaporation des gaz qui se dégagent et d'empêcher la fermentation. Ce sont, en un mot, des soupiraux par lesquels s'échappe l'air chaud à mesure qu'il se produit.

Quoique les *pertuiseaux* ne puissent pas être considérés comme l'objet d'une dépense, on peut cependant les remplacer par quelque chose de moins cher encore. On prend quatre petits liteaux qu'on relie entre eux parallèlement à la distance de dix centimètres environ, de manière à former un tuyau carré de douze centimètres de chaque côté; on cloue une bande de grosse toile très-claire, dite canevas, sur chacun des quatre côtés; on bouche la base avec un tamis, et, d'après M. Kozalem, on possède un pertuiseau parfait.

CHAPITRE X.

DES ENGRAIS EN GÉNÉRAL, DE LEURS EFFETS, DE LEUR IMPORTANCE ET DE LEUR NATURE.

Nous savons qu'en cultivant successivement sur une terre des récoltes de natures différentes, nous donnons à cette terre un repos relatif, c'est-à dire que, par cette alternance ou changement de cultures, nous n'ajoutons pas à l'état d'épuisement dans lequel l'ont mise d'autres récoltes; mais nous ne l'en guérissons pas. Les engrais seuls peuvent lui rendre, au moyen des principes fertilisants qu'ils contiennent, des sucs nutritifs pour remplacer ceux dont elle a été privée par les plantes qu'elle a été chargée de nourrir précédemment.

Les engrais sont donc, pour la terre, l'élément de fécondation le plus indispensable et le plus puissant. Sans engrais, on a bientot ruiné les meilleures terres au point de les rendre complètement improductives; avec des engrais, au contraire, on obtient tout ce qu'on veut des plus mauvaises, qu'on améliore progressivement par des fumures.

Il est important de ne pas confondre, comme le font beaucoup trop de cultivateurs, les STIMULANTS avec les ENGRAIS. Ces matières sont de deux sortes parfaitement distinctes, et qui diffèrent l'une de l'autre à tel point que, relativement à la terre, on pourrait presque regarder les *stimulants* comme un poison dont les *engrais* sont l'antidote.

En effet, les *engrais* exercent leur action sur la terre à laquelle ils rendent sa fécondité, en lui procurant des substances indispensables à la nouriture des plantes, tandis que les *stimulants* agissent sur les plantes elles-mêmes, aux dépens du sol, en activant leur végétation jusqu'à l'excès, et conséquemment en accroissant leur besoin d'alimentation.

On pourrait dire que les *stimulants* sont, pour les plantes, ce que l'absinthe est pour nous et pour notre bourse. L'absinthe excite notre appétit; nous mangeons davantage et nous engraissons si nos digestions se font très bien ; mais, plus nous consommons de vivres, plus nous dépensons et plus notre bourse s'épuise. Les *stimulants* aiguisent l'appétit des plantes comme l'absinthe excite le nôtre ; elles ont donc besoin de plus d'aliments, et ne peuvent les consommer qu'aux dépens de la terre qui les leur fournit.

Ainsi, loin de rendre à la terre les sucs nutritifs absorbés par les récoltes précédentes, les *stimulants* l'épuisent tout à fait, puisque ce n'est qu'en s'assimilant une plus grande quantité de ces sucs, c'est-à dire qu'en s'en emparant pour les transformer en leur propre substance, que les plantes peuvent acquérir des dimensions plus considérables. En un mot, les *engrais* donnent à la terre les moyens de fournir aux plantes une plus grande quantité de sucs propres à leur alimentation, et les *stimulants*, en augmentant la croissance des végétaux et en l'accélérant, les contraignent à exiger de la terre une plus grande quantité de nourriture.

Le plâtre, par exemple, est un puissant *stimulant* pour les plantes fourragères ; il fait pousser avec une vigueur extrême les prairies artificielles, notamment le sainfoin.

Mais si on use plusieurs fois de suite de ce moyen sur la même terre, on l'épuise au point de la rendre stérile pour longtemps, et ce n'est ensuite qu'à force d'engrais, et qu'après un assez grand nombre d'années, qu'on parvient à la ramener à son état normal.

Certains cultivateurs en ont fait la fâcheuse expérience; ayant semé, sur leurs sainfoins, du plâtre qu'ils considéraient comme un engrais, ils ont eu d'abord de magnifiques récoltes. Emerveillés de ce résultat, ils ont voulu continuer de soumettre leurs terres au même régime pendant un certain nombre d'années; mais l'effet qu'il devait inévitablement produire ne s'est pas fait attendre bien longtemps. Bientôt est arrivé le moment où leurs terres entièrement épuisées leur ont refusé toute espèce de produits, et ils ont payé bien cher les quelques quintaux de fourrage de plus qu'ils avaient obtenus au moyen du plâtre.

Il convient donc, si non de s'abstenir complètement de faire usage des STIMULANTS, au moins de ne les employer qu'avec une extrême circonspection, loin d'en abuser.

Tous les engrais imaginables sont produits par les *corps organisés* : ils se composent donc nécessairement de matières provenant du *règne animal* ou du *règne végétal*. Ainsi les fumiers d'écurie et d'étable, la viande, le sang, les os, les débris des animaux morts, les excréments humains, ceux des animaux de toute espèce, les urines, la corne, la laine, le cuir, les racines, les feuilles, la paille et les détritus ou débris de tous les végétaux croissant sur la surface de la terre sont des *engrais*.

Ce qu'on vend dans le commerce sous le nom de *guano* est un véritable engrais, car les matières dont il se compose sont des excréments déposés par des oiseaux, depuis des milliers d'années, en si grande quantité qu'ils forment maintenant des tas comme des montagnes.

Ce qu'on appelle *engrais de Javel* est également un véritable engrais, car c'est un composé de matières provenant des vidanges, de l'équarrissage, des abattoirs, des égouts, etc.

Puisque les engrais peuvent seuls rendre à la terre des sucs nutritifs en remplacement de ceux qu'elle a fournis pour nourrir les récoltes qu'on lui a demandées précédemment; puisque, en un mot, ils sont pour le sol l'unique élément de fécondation, ils sont évidemment aussi la base de la production d'une propriété, et plus on peut en mettre dans cette propriété, plus elle rend.

On doit donc s'efforcer d'en faire la plus grande quantité possible, puisqu'ils sont la source d'où découlent tous les produits.

Il existe tant de matières susceptibles d'être converties en engrais, qu'il y a nécessairement aussi diverses natures d'engrais. Indépendamment du fumier d'écurie et de celui d'étable qu'on obtient en mettant de la paille ou des feuilles sous les bestiaux pour être mêlées à leurs excréments solides et arrosées par leurs urines, on en fait avec les excréments humains et ceux des volailles; il y a, en outre, les purins, les composts, les terreaux, et les engrais dits artificiels.

On verra dans les chapitres suivants en quoi consistent ces divers engrais.

6*

CHAPITRE XI.

DES PURINS, DES URINES ET AUTRES ENGRAIS LIQUIDES.

Tout le monde sait comment se font les engrais d'écurie et d'étable dont il vient déja d'être question au chapitre 10 ; on met sous les bestiaux une couche de litière sur laquelle tombent leurs excréments, dont les uns, les matières fécales, sont à l'état plus ou moins solide selon l'espèce et l'état de santé des animaux, et les autres, les urines, sont liquides.

Les urines délayent en partie les matières solides, se mêlent à ces matières et ce mélange produit un liquide auquel on donne le nom de PURIN. Une partie de ce liquide est naturellement absorbée par la couche de litière dans laquelle il se forme, mais l'autre s'écoule nécessairement dans le sens de la pente qu'elle trouve dans l'écurie ou dans l'étable.

Le PURIN est donc du JUS DE FUMIER, c'est-à
dire la partie liquide des engrais, celle qui,
contenant la plus grande quantité de principes
fertilisants, est incontestablement la plus
précieuse pour l'agriculture, et cependant
on aurait bientôt compté le nombre des cultivateurs qui prennent la peine de recueillir
soigneusement le PURIN: à peu près partout
il est absorbé par le sol de l'écurie ou de
l'étable, qui n'en ont que faire, et au détriment
de la santé des animaux, puisqu'il vicie l'air
qu'ils respirent.

Et pendant qu'on laisse ainsi perdre le *purin*
par négligence, on est forcé de tenir à la
portion congrue les pauvres terres qu'il serait
susceptible de féconder.

Que faudrait-il pour ne pas en perdre une
goutte? Si peu de chose, en vérité, qu'on ne
comprend pas que cela ne se trouve pas partout;
une simple rigole ouverte tout le long du mur
qui fait face à la croupe des bestiaux, et
conduisant par une pente douce à une petite
fosse dans laquelle se réunirait ainsi tout le
liquide; et, pour que cette rigole et cette
fosse ne puissent pas en boire la moindre

parcelle, quand, comprenant bien ses intérêts, on se décide à les faire faire, il est essentiel qu'elles soient bien maçonnées avec de la chaux hydraulique ou du ciment.

On vide ensuite cette petite fosse très fréquemment, afin que le *purin* qu'elle contient n'ait pas le temps de corrompre l'air en fermentant, et l'on transporte ce *purin* dans une autre grande fosse située en plein champ, qu'on appelle FOSSE A PURIN, et dont il sera question au chapitre 12.

Le JUS DE FUMIER OU PURIN est le plus précieux de tous les engrais connus; d'abord, à cause de sa qualité supérieure; ensuite, parce qu'il est le plus facile à bien distribuer puisque, étant répandu sur le sol sous forme d'arrosage, à raison de son état liquide, on peut le répartir avec une parfaite égalité; enfin, parcequ'il présente cet avantage inappréciable, pour certaines cultures, de pouvoir être appliqué aux végétaux au moment précis où ils sont le mieux disposés à en profiter.

Les *urines* des animaux, quand on peut les recueillir à part, et celles des hommes sont aussi des engrais d'une grande puissance, et qui présentent les mêmes avantages que les purins. Malheureusement, on trouve partout une négligence impardonnable, quant à ces dernières qu'on laisse perdre plus encore que les autres, surtout dans les villages et dans les fermes, au lieu de les recueillir précieusement. Dans les villes même, les urines s'en vont le plus souvent dans les ruisseaux et les égouts. On peut dire de ceux qui n'en profitent pas ce qu'ils diraient eux-mêmes d'un homme qui, voyant son chemin semé de belles pièces de cent sous, pousserait l'insouciance jusqu'à ne pas se baisser pour les ramasser. A cet aspect, ils ne manqueraient pas de s'écrier : oh ! l'imbécile !

Eh bien ! les urines qu'ils ne daignent pas recueillir représentent de belles pièces de cent sous. On peut donc aussi dire d'eux : oh ! les nigauds !

Il serait pourtant juste de restituer à la terre tout ce qui vient de ses produits. Que faudrait-il faire pour cela ? Une chose bien simple : placer un baquet quelque part, à l'angle d'une cour si on en a une, mettre dans ce baquet de la terre et des mauvaises herbes, et les arroser avec les urines contenues dans les vases de nuit et avec celles qu'on éparpille dans la journée. Si quelques cultivateurs intelligents donnaient cet exemple dans chaque village, les autres ne tarderaient pas à l'imiter, et la salubrité publique y gagnerait autant que la terre, car des foyers d'infection disparaîtraient.

Quand on veut employer des urines fraîches, et qui n'ont pas déja été mélangées avec d'autres matières qui en ont diminué la force, on les mêle ordinairement avec quatre fois autant d'eau.

Il y a encore d'autres engrais liquides d'une grande puissance dont on ne sait tirer aucun parti : ce sont les eaux ménagères de chaque matin, le lavage des pavés et des terrains fangeux et beaucoup d'autres matières dont il sera question au chapitre 12, et qu'on laisse couler partout, à la campagne, à la ville comme au village, dans les rigoles et canaux des rues, et qu'il serait pourtant si simple et si important de recueillir.

Tous les engrais liquides offrent, outre les avantages déja signalés, celui de pouvoir être transportés à bien moins de frais que les autres, puisqu'ils sont doués d'une puissance égale sous un volume infiniment plus petit, c'est-à-dire puisque, avec un mètre cube, par exemple, de cet engrais, on fumera convenablement au moins dix fois autant de terrain qu'avec un mètre cube de fumier. Ce transport se fait ordinairement dans de mauvais tonneaux.

Si les engrais liquides ont sur les autres l'avantage d'être transportés à moins de frais, de pouvoir être répandus très également sur la surface du sol, et de produire un effet puissant, énergique et immédiat, il faut dire aussi que leur action se fait sentir bien moins longtemps : Cela provient sans doute de ce que, étant simplement répandus sur la terre, l'évaporation des principes fertilisants qu'ils renferment est très considérable : on comprendra cela parfaitement après avoir lu le chapitre 15 relatif à l'emploi des engrais.

CHAPITRE XII.

DES COMPOSTS.

On peut faire aussi d'excellents engrais, qu'on nomme COMPOSTS, ailleurs que dans les écuries et les étables, au moyen d'une foule de choses dont on ne veut pas toujours se donner la peine de profiter.

Il y a partout des engrais tout faits ou des matières pour en faire. On n'a qu'à ouvrir les yeux pour voir des ordures dans tous les coins; de la boue dans les cours, dans les rues et sur les chemins; de la colombine de dix ans dans les poulaillers; de l'eau de fumier qui coule de tous côtés; des flaques d'eau sous les éviers; des mares au milieu des villages; de mauvaises herbes croissant beaucoup trop abondamment dans tous les champs, dans les haies et dans les chemins; de la terre qu'on sort des fossés en les nettoyant; des débris de

bâtisses ; des cendres de bois ; de la suie ;
des tuiles et briques pourries ; des mousses
nuisant dans tous les prés à la récolte des
fourrages ; de la terre qui ne produit pas ;
des feuilles mortes ; de la sciure de bois et du
poussier de charbon de bois ; des bestiaux
morts ; des morceaux de laine ou de vieux
cuir ; des souliers et des chapeaux hors de
service ; des carcasses de volaille ; de la corne
de cheval ; des urines et du sang de boucherie ;
de l'eau de lessive, que souvent on jette on
ne sait pourquoi, et de l'eau de savon ; du
marc de raisin ou du marc de pomme dans
les pays où l'on fait du cidre ; des fruits gâtés ;
des résidus de piquette et de rapé, etc.

Toutes ces matières et beaucoup d'autres
peuvent être converties en de bons engrais au
moyen de composts, et ne coûtent pas cher ;
il n'y a qu'à prendre une pelle, un panier ou
un baquet, et à se baisser pour les ramasser,
en profitant, pour cela, du temps où l'on ne
peut rien faire de mieux, ce qui n'est pas
rare.

Les *composts* sont aisés à faire. On sait que
la pâte a besoin de levain pour fermenter : il

en faut aussi aux *composts*, sans quoi ils tarderaient trop à rebouillir; on leur prépare donc
celui qui leur est nécessaire. Pour cela, on fait
un trou large et profond derrière sa maison ou
à toute autre place qu'on veut choisir, on en
fait paver le fond et murer les côtés avec du
mortier hydraulique ou du ciment, quand on
en a les moyens, sinon on le garnit sur toutes
les faces de terre glaise qu'on bat vigoureuse-
ment pour que les liquides ne puissent pas la
traverser.

Cela fait, on jette dans la fosse un ou deux
tombereaux de fumier, et l'on verse par dessus
les excréments humains, toutes les urines
et tous les autres liquides ci-devant détaillés
et qu'on a pu se procurer; on y ajoute quelques
pelletées de cendres vives et de l'eau ordinaire
jusqu'à ce que la fosse soit pleine. Ce mélange
entre promptement en fermentation, c'est-à-
dire se met à rebouillir, et l'on a, au bout de
quinze jours au plus, un engrais liquide de
première qualité, en un mot une fosse pleine
de vrai *purin*.

On a vu au chapitre XI ce qu'est le purin et
ce qu'il vaut.

On fait, d'un autre côté, des tas de *composts*, soit près de la fosse à purin, soit en tête des champs qu'on veut fumer. La base fondamentale de chacun de ces tas doit être de la terre et du fumier arrangés par couches, et auxquels on mêle toutes les matières solides qu'on a pu recueillir; et, comme chaque tas ne peut se former que petit à petit, il faudrait, si on le pouvait, chaque fois qu'on y ajoute quelque chose, l'arroser avec du purin tiré de la fosse, après l'avoir agité avec une perche pour bien mélanger les matières dont se compose le liquide, parce qu'il doit naturellement déposer, et que ce qu'il y a de meilleur resterait au fond, si on n'agitait pas.

Il conviendrait, dans tous les cas, d'arroser les tas une fois tous les huit, ou au moins tous les quinze jours au plus, à temps perdu.

Cependant, quand les tas sont trop éloignés de la fosse à *purin*, comme il en coûterait trop pour les arroser aussi souvent, on peut ne les arroser qu'une fois lorsqu'on n'a plus rien à y ajouter, mais alors il faut leur donner du purin à satiété. On fait plusieurs trous profonds dans les tas, au moyen de pieux qu'on y enfonce à grands coups de masse, puis on y verse du purin jusqu'à ce qu'il forme une espèce de flaque par dessus.

On laisse ainsi les tas pendant quelques mois pour leur donner le temps de se ressuyer et de se bien faire. Après cela, on peut y puiser quand on en a besoin, pour les employer, en les démolissant à coups de pioche.

Il y a donc, pour les cultivateurs, diverses manières d'utiliser les purins, les urines et toutes les espèces d'engrais solides et liquides.

Avec ces derniers, les engrais liquides, ils peuvent arroser leurs terres en l'état où ils les recueillent, ou les jeter dans la fosse à purin pour les employer plus tard de la même façon, ou s'en servir pour arroser seulement les composts, afin d'accélérer leur fermentation et d'augmenter leur puissance de fécondation, en les rendant beaucoup plus riches en principes fertilisants.

Quant aux fumiers d'étable et d'écurie, c'est-à-dire aux engrais à l'état solide, on peut également les employer tels qu'ils sont ou les faire entrer en totalité dans les composts.

On regarde ce dernier parti comme le meilleur.

Il est assez généralement admis que certaines espèces de fumiers valent mieux que d'autres pour certaines natures de terres, et c'est au moins assez vraisemblable ; mais on n'est pas très bien fixé sur les choix à faire, et c'est tout simple. Supposons qu'on ait cru reconnaître que le fumier de cheval est le meilleur pour telle nature de terre dans un domaine ! C'est très-bien ; mais ce n'est cependant pas une raison suffisante pour que cela puisse être considéré comme une règle infaillible, car il peut y avoir des différences dans la constitution de deux terres qui sont de même nature en apparence, et l'effet du fumier peut bien alors ne pas être tout à fait le même sur l'une et sur l'autre ; les différences de climat et d'exposition ne peuvent-elles pas, d'ailleurs, aussi modifier cet effet ?

Quant aux plantes, c'est différent ; on croit savoir un peu mieux à quoi s'en tenir.

Chacun de nous a ses préférences ; il y a des choses qui nous plaisent naturellement beaucoup plus que d'autres ; l'un aime mieux

les pommes de terre que les choux ; un autre
préfère les raves aux pommes de terre ; celui-
ci a une prédilection marquée pour les haricots ;
celui-là laisserait des perdrix pour des lentil-
les ; certaines gens ne peuvent pas souffrir le
fromage, qui est un régal pour beaucoup
d'autres. On s'est dit qu'il doit en être de même
des plantes, puisqu'elles ont besoin de nourriture, et qu'il faudrait en conséquence les servir un peu selon leur goût : on s'est donc mis
à l'étudier et, à force d'expériences, on croit
être parvenu à le connaître au moins jusqu'à
un certain point.

Les uns conseillent donc de mettre à part
chaque espèce d'engrais et de fabriquer diverses
natures de composts avec des matières parti-
culières pour chacun d'eux, puis d'employer
chaque compost aux cultures pour lesquelles
il réussit le mieux ; mais d'autres disent qu'on
peut fort bien s'en dispenser, parce que cela
n'a pas, en réalité, autant d'importance qu'on
le croit ; et voici pourquoi :

Ce serait bien de faire des engrais particuliers
pour les diverses espèces de plantes, si on
fumait chaque année, parce que, chaque terre

devant produire tous les ans des récoltes différentes pendant toute la révolution de l'assolement, on pourrait donner à chaque culture la nature d'engrais qui lui convient; mais il n'en est pas ainsi : une fumure sert toujours pour un certain nombre de récoltes, de sorte que chacune d'elles y trouve à son tour ce qu'il lui faut.

Quand nous avons quelques amis à déjeuner, il y a toujours plusieurs plats sur notre table, et naturellement chaque convive donne la préférence à celui qu'il trouve à son gré. Les engrais sont des plats que nous servons à nos récoltes, et, quand nous avons réuni pêle-mêle tout ce dont ils se composent, il y en a nécessairement pour tous les goûts. La première récolte a le choix; elle suce ce qui lui convient et laisse le reste; la seconde récolte choisit à son tour, et ainsi de suite jusqu'à ce qu'on fume de nouveau.

Il faudrait donc qu'il y eut bien du malheur pour qu'une récolte ne trouvât rien de son goût dans une fumure composée d'un mélange de diverses espèces de fumiers.

CHAPITRE XIII.

DES ENGRAIS ARTIFICIELS.

Les engrais, nous le savons, sont la base de toute espèce de production. On ne saurait en avoir assez, car plus on en a, plus il en faudrait. En tout pays et de tout temps, on s'est plaint de ne pas en posséder suffisamment. Il n'est donc pas étonnant qu'une foule de gens aient eu l'idée de se faire marchands d'engrais.

Mais que nous vendent-ils sous le nom D'ENGRAIS ARTIFICIELS? Il n'y a qu'eux et le bon Dieu qui le sachent. Ils font comme les charlatans qui s'exhibent en pleine foire, et nous débitent sérieusement, à grand renfort de grosse caisse, de petits paquets de la première herbe venue, pour des paquets de vulnéraire, et de petites fioles contenant de l'eau prise à la rivière ou à la fontaine, pour des remèdes qui doivent nous guérir de tous les maux.

Toutes les matières pouvant agir réellement

comme *engrais* proviennent nécessairement du *règne animal* ou du *règne végétal*, et ne peuvent être conséquemment, sous quelque forme qu'on nous les livre, que des excréments des hommes ou des animaux, ou des végétaux décomposés, ou des débris d'animaux morts. On peut composer des engrais spéciaux avec des mélanges ou des extraits de ces matières, mais tout ce qui n'en provient pas n'est point un *engrais*.

Le nom D'ENGRAIS ARTIFICIELS n'est donc peut-être pas celui qui conviendrait le mieux à des compositions ou à des extraits de cette nature. Mais, encore une fois, est-ce quelque chose de ce genre qu'on nous vend ? Nous sommes forcés d'acheter de confiance, si nous avons le malheur de nous laisser tenter, et il y a cent à parier contre un que c'est de l'argent que nous jetons par la fenêtre.

Soyons en bien certains, quand nous achetons des *engrais artificiels*, qu'ils soient en poudre, en petits paquets, en bouteille, en tonneau, n'importe comment, nous sommes trompés neuf fois sur dix, si ce n'est plus, et payons fort cher, et en bonne monnaie, de

7

faux engrais, ou tout au moins des marchandises frelatées. Voici notre position :

Les drogues qu'on nous vend sont nécessairement des matières inefficaces et inoffensives, ou des stimulants, ou des engrais réels.

Si elles sont des matières sans vertu, elles ne font, soit à la terre, soit aux plantes, ni bien ni mal.

Si elles sont des *stimulants*, elles font pousser une année les plantes pour lesquelles on les emploie, mais ruinent le sol pour l'année suivante; car nous savons que, si les *engrais* rendent à la terre des principes fertilisants, les *stimulants*, au lieu d'agir de la même manière, l'épuisent au contraire, puisqu'ils forcent les plantes, en augmentant leur appétit, à exiger, pour leur nourriture, une bien plus grande quantité de ces principes. C'est le verre d'absinthe des végétaux, on l'a déjà dit.

Enfin, si réellement ce sont des engrais, ce qui est bien rare, nous ne sommes plus attrapés que sur la qualité de la marchandise. Croit-on, par exemple, qu'un marchand de guano soit assez délicat pour le vendre pur? Non certes pas ! il connait trop bien ses intérêts pour agir ainsi, et croirait peut-être qu'il est notre dupe, si nous n'étions pas nous-mêmes les siennes. Il a toujours soin de doubler la dose de sa marchandise par un mélange, et nous pouvons compter, quand nous achetons un quintal de guano, qu'on nous livrera cinquante livres de cet engrais et autant de terre de plus ou moins détestable qualité, et que nous payons cependant au même prix.

Méfions-nous donc et des *engrais artificiels* et des personnes qui nous en offrent! Tournons leur le dos sans hésiter quand elles nous proposent leur marchandise!

Nous pouvons parfaitement nous passer des prétendus marchands d'engrais; ayons des fourrages au moyen de prairies artificielles! faisons dans nos fermes le plus de fumier d'étable et d'écurie que nous pourrons! Réunissons soigneusement tous les excréments humains, les urines et mille autre choses que nous laissons perdre! Fabriquons de beaux tas de bon compost avec tout cela! Nous aurons alors une quantité suffisante de bon fumier, c'est-à-dire de véritable engrais dont l'efficacité ne sera pas douteuse, et nous ne serons jamais tentés de nous laisser prendre pour dupes par des amateurs qui veulent nous escroquer nos quelques sous.

CHAPITRE XIV.

DE LA CONSERVATION DES ENGRAIS.

On ne doit pas se lasser de le redire : les engrais sont, pour le sol, un élément de fécondation indispensable. Quel est le cultivateur qui ne le sait pas ? Quel est même celui qui ne gémit pas de l'insuffisance de ceux qu'il a ? Et ses plaintes sont légitimes, il a raison. Mais à qui la faute ?

Quand on voit un champ en jachère, si on demande à son propriétaire pourquoi il le laisse reposer, il vous répond, en poussant des soupirs à fendre le cœur, qu'il y est bien forcé, puisqu'il n'a pas de quoi le fumer.—Ah ! voilà un homme qui connaît le prix des engrais, se dit-on naturellement! comme il doit s'occuper d'en faire! Il conserve et soigne sans doute ceux qu'il a comme des trésors.....

Hélas! on s'était trop pressé de le juger. Qu'on aille près de sa maison, si on veut rabattre de la bonne opinion qu'on avait de lui.

C'est là comme ailleurs. Partout on trouve la preuve d'une négligence impardonnable. Partout on voit les fumiers étendus sans soin, dans les cours, quelquefois même sous les égoûts des toits, ou près des habitations, et éparpillés par les poules et par les porcs.

On les laisse indéfiniment dans cet état sans s'occuper d'eux, et voici ce qui arrive : s'il fait beau, brûlés par un soleil ardent, ils s'évaporent et se dessèchent; s'il fait mauvais, la pluie les lave, les détrempe, et les eaux emportent, en s'écoulant, tous les sels, tous les principes fertilisants qu'ils contiennent, *du vrai purin*, c'est-à-dire toutes les parties susceptibles, par leur nature, de rendre à la terre les sucs qu'elle a perdus en nourrissant les récoltes qu'elle a données précédemment.

Mais aussi que reste-t-il, quand vient le

7*

moment de faire usage d'un tel engrais ? Des tas de paille et de feuilles desséchées qui ne font plus aucun effet, ou ne peuvent en produire que bien peu.

Puis on se plaint. On a bonne grâce en vérité ! Qui désire la fin ne doit pas négliger les moyens. Qand on veut avoir des engrais, il faut en faire ; il faut recueillir ceux qui sont tout faits, au lieu de les laisser aller à la rivière avec les eaux qui coulent dans les rigoles et dans les rues en temps de pluie : et, quand on les a, il faut les soigner et les conserver ; il ne faut en laisser perdre ni le plus petit brin ni la moindre goutte.

Ce n'est pas une chose bien difficile. Il n'y a qu'à faire une fosse à fumier, de même qu'on fait une fosse à purin : on en fait paver le fond et murer les côtés de la même manière, si on a de l'argent ; ou bien on la mastique avec de la terre glaise, pour qu'elle retienne parfaitement la partie précieuse des engrais rendue liquide par les eaux de pluie. On jette ensuite dans cette fosse tout le fumier qu'on sort des écuries et des étables en l'entassant soigneusement jusqu'à environ deux mètres de haut, car plus le tas est élevé, plus il est facile au fumier de s'échauffer et de fermenter.

Chaque fois qu'on augmente le tas, il faut prendre la peine de l'arroser avec de l'eau puisée dans la fosse même ou tout à côté, quand il s'y en trouve, ou enfin dans la fosse à purin. Par ce moyen on augmente le tas, en réalité, quoiqu'on ne le grossisse pas en apparence, et l'on améliore sensiblement la qualité du fumier dont il se compose.

Il faut aussi mettre sur chaque nouvelle couche de fumier qu'on sort de l'écurie une légère couche de terre pour arrêter au passage les principes fertilisants qui s'envolent sous l'apparence d'une fumée, et qui sont ce que le fumier a de meilleur. La terre dont on le couvre absorbe ces principes et devient ainsi elle-même un excellent engrais.

Cela sera mieux expliqué encore au chapitre 15, quand il sera question de la fumure des prairies.

Il est aussi fort important de garantir le fumier du soleil et de la pluie, et rien n'est plus aisé. On plante quatre piquets pour supporter quelques bottes de paille ou quelques planches, et l'on a ainsi, à peu de frais, un toit mobile qui peut-être élevé ou abaissé à volonté, suivant la hauteur du tas, et selon qu'il peut-être nécessaire de lui donner de la chaleur, ou de l'en préserver quand il en reçoit trop.

On puise ensuite à ces tas ainsi préparés, ainsi soignés, tout le fumier dont on a besoin, soit pour l'employer tel qu'il est, soit pour en faire des composts.

Plus on peut sortir souvent le fumier des écuries et des étables, plus la quantité qu'on en retire est considérable; il faut donc l'enlever tous les jours, si on le peut, et, dans tous les cas, très fréquemment. La salubrité des écuries ne peut qu'y gagner en même temps.

Ce qu'il y a de plus déplorable, c'est de voir gaspiller, comme on le fait presque partout, les excréments humains, notamment les urines qu'on sait être le plus précieux, le plus énergique des engrais. C'est une chose qu'on a déjà dite et qu'on ne peut répéter assez souvent. Il n'y a presque pas de ferme qui ne soit gardée par de nombreuses sentinelles dont l'aspect n'a rien d'attrayant, et qui vous tiennent à distance respectueuse, à moins qu'un rhume de cerveau ne vous ait hermétiquement bouché le nez.

Il en est de même près des villes, près des villages, bien souvent aussi dans leur intérieur; et, pourtant, soigneusement réunis et utilisés, ces engrais auraient donné de magnifiques résultats, car il est prouvé que ceux produits par chaque individu dans l'espace d'un an suffisent pour fumer convenablement une étendue de terrain considérable. Qui sait quelle énorme quantité de quintaux de fourrage et d'hectolitres de blé on perd, chaque année, par le seul effet du gaspillage des engrais humains?

Les Chinois, qui passent pour les meilleurs agriculteurs qu'il y ait dans le monde, et qui savent apprécier la qualité et la valeur de la marchandise, ne sont ni aussi fiers ni aussi dédaigneux; ils arrêtent les gens au milieu des rues pour les supplier bien humblement d'entrer chez eux, s'ils ont le moindre petit besoin à satisfaire.

Qu'en coûterait-il d'avoir un lieu spécial de réunion et de dépôt pour ces engrais comme pour les autres, et de les couvrir de quelques pelletées de terre de temps en temps ? On retire de cette simple précaution trois avantages : d'abord on affaiblit l'odeur qu'ils répandent, et c'est bien quelque chose; en second lieu, on empêche ou tout au moins on diminue sensiblement l'évaporation des gaz, c'est-à-dire des principes fertilisants qu'ils contiennent; puis on augmente leur volume; enfin on modifie leur action, qui serait trop violente si on les employait immédiatement sans aucun mélange.

Ce qu'il y a de mieux, au surplus, c'est de les faire entrer dans les composts.

Ceux qui tiendront compte de ces conseils ne manqueront pas de s'en applaudir quand viendra l'époque de la moisson.

CHAPITRE XV.

DE L'EMPLOI DES ENGRAIS.

Il est donc constant qu'il faut faire autant d'engrais qu'on le peut et soigner tous ceux qu'on possède comme ce qu'on a de plus précieux, puisque c'est la source d'où découlent toutes les véritables richesses de ce monde.

Et ce n'est pas encore assez. Il faut aussi qu'on en sache faire un emploi judicieux, intelligent, sinon il arrive qu'on a perdu les trois quarts ou au moins la moitié de son temps et de ses peines.

Le propriétaire qui a étudié son terrain et les plantes qu'il y cultive habituellement, et qui, voulant leur donner la nourriture qu'elles préfèrent, n'a pas mélangé ses engrais, ne doit pas en changer la destination.

Il ne faudrait cependant pas tenir trop grand compte des préférences de certaines plantes, si elles avaient un mauvais côté. Supposons que le blé aimât les excréments humains plus qu'autre chose; ce ne serait pas une raison pour lui en donner, parce qu'on assure que toutes les plantes conservent toujours un peu elles-mêmes le goût de la nourriture qu'elles ont prise, et le pain pourrait dès lors s'en ressentir.

Un cultivateur non moins instruit qu'intelligent affirme aussi que, pour le blé, il ne faut jamais se servir de fumier de mouton vulgairement appelé mison, parce que la pâte provenant du blé venu dans ce fumier ne lève pas ou lève mal, et que le pain s'aplatit et se fendille au four. A cet égard, il est facile de savoir bientôt à quoi s'en tenir, si on ne veut pas s'en rapporter à l'opinion d'autrui.

Ce qu'on peut reprocher surtout à la plupart des cultivateurs, c'est de ne pas assez enterrer le fumier; ils le laissent presque à fleur de terre, et il en reste même toujours une portion en évidence sur le sol. C'est du bien perdu. Il faut, au contraire, que les engrais soient enfouis profondément pour que la terre puisse profiter de tous les principes fertilisants qu'ils renferment.

Ces principes sont des gaz, c'est-à-dire cette vapeur, cette fumée que nous voyons sortir d'un tas de fumier lorsqu'il fermente, et qui s'élève dans l'air comme la fumée d'une cheminée. Toujours il s'en échappe du fumier, quoique souvent on ne les voie pas, et toujours ils montent. Il est donc clair qu'ils vont se perdre dans l'atmosphère, dans l'espace vide en apparence qui est au-dessus de la terre, si on ne leur barre pas le passage. Mais, quand on a soin d'enfouir les engrais convenablement, la terre qui les recouvre arrête leur fumée, s'en imprègne et la retient toute entière à son profit. C'est donc autant de gagné pour l'agriculture.

L'odeur qu'on sent près d'un tas de fumier est produite par ce qu'il a de meilleur et qui s'en va. Quand ce fumier est bien enterré, il n'y a plus d'odeur.

On voit même énormément de propriétaires faire pis que cela : ils transportent leur fumier sur les terres et s'empressent de l'étendre ; puis ils le laissent dans cet état pendant un mois et quelquefois plus, avant de se décider à l'enfouir. Demandez leur pourquoi ils agis-

8

sent de la sorte ; ils vous répondront avec une admirable naiveté :

— Oh ! la belle question ! il paraît que vous n'entendez rien à l'agriculture. Ne savez-vous pas que le fumier fait bien plus d'effet quand on le laisse étendu pendant un certain temps sur un champ que si on l'y enterre aussitôt après l'avoir transporté ?

Voilà un argument d'une fière force ! Dites au même individu :

— Pourquoi tenez vous votre vin dans des bouteilles ou des tonneaux bien bouchés ? Vous ne savez pas le soigner, vrai ! il serait bien meilleur et aurait bien plus de force si vous le teniez dans des vases ouverts par dessus.

Après vous avoir entendu, votre homme tout nigaud qu'il est quant au fumier, aura encore assez de bon sens pour hausser les épaules et vous rire au nez.

Il aura raison, ce n'est pas douteux ; car ce qu'ifait la force du vin c'est l'alcool, c'est-à-dire cette vapeur, cette fumée qui nous réchauffe l'estomac quand nous en buvons

raisonnablement comme des gens qui se res-
pectent, et qui nous monte à la tête et nous
réduit à l'état de brutes, si nous nous avisons
d'en abuser. Or, toute cette vapeur s'en va si
on lui laisse une issue, et le vin n'est plus que
de l'eau, sauf la couleur.

Comment donc peut-il se trouver sous le ciel
un homme assez simple pour ne pas comprendre que les gaz, la fumée, c'est-à-dire les
principes fécondants que le fumier contient
s'échappent et se perdent dans l'air, quand ce
fumier reste longtemps disséminé sur la surface d'un champ, de même que son vin
s'évente quand il n'est pas dans un vase
hermétiquement bouché ?

Un cultivateur intelligent connaît un peu
mieux ses intérêts, et procède tout autrement :
il enterre son fumier le plus qu'il peut aussitôt
après l'avoir transporté sur son champ.

Quand il s'agit de fumer des prés, c'est une
autre affaire; il n'est pas possible d'enterrer
l'engrais, et l'on est bien forcé de se borner à
l'étendre sur le sol : aussi, quand on emploie,
pour cela, du fumier pur, c'est comme si on
jetait des écus par la fenêtre.

Deux charretées du même fumier valent mieux qu'une, c'est évident. Eh bien ! il y a un moyen fort simple de doubler au moins la quantité de ce qu'on destine à fumer des prés, et de le rendre bien meilleur pour cet usage.

Tout le monde sait comment on s'y prend. On fait un ou plusieurs tas qu'on compose en mettant alternativement une couche de fumier et une couche de terre : on arrose les tas de temps en temps, surtout pendant les mois de sécheresse et de grande chaleur, pour provoquer la fermentation : on change même au besoin les tas de place pour que le mélange de la terre et du fumier s'opère mieux. Tout cela s'amalgame, fermente ensemble et produit une excellente matière qu'on nomme TERREAU.

Les gaz ou fumée, c'est-à-dire les principes fécondants qui sont dans le fumier, ne peuvent plus alors s'évaporer qu'au profit de la terre avec laquelle il est mêlé ; ils s'y fixent sous forme de sels, et, sans cela, ils auraient été perdus, par ce qu'ils se seraient éparpillés dans l'atmosphère en s'échappant. En un mot, la terre prend au fumier ce qu'il a de meilleur

et vaut mieux que lui. Par ce moyen il n'y a
rien de perdu.

Conséquemment, si on a mis, par exemple,
trente charretées de fumier à son *terreau*, on
peut fumer autant de surface de pré qu'avec
soixante, puisque on a mis autant de terre
que de fumier, et on fume le pré infiniment
mieux.

On obtient, en outre, un autre avantage
fort important. Le TERREAU peut-être réparti
sur la surface entière d'un pré bien plus uni-
formément que le fumier, parce qu'il se brise
et se divise parfaitement, et il chausse d'ailleurs
toutes les plantes.

A quelle époque vaut-il mieux fumer les
prés? Est-ce au printemps? Est-ce en automne?
A cet égard, les avis sont partagés; il y a des
partisans des deux époques.

Ceux qui sont pour l'arrière saison disent
qu'en fumant à une époque où le soleil a perdu
sa force, l'évaporation des gaz est beaucoup
moins considérable qu'au printemps, et que la
pluie et la neige, qui tombent fréquemment à
cette époque de l'année, détrempent le fumier

et délayent ses principes fécondants dont la terre profite en absorbant, pendant quelques mois, l'eau qui les contient.

Les partisans du printemps soutiennent que, si on fume en automne, l'eau qui tombe alors en abondance coule en ruisseaux et emporte dans les fossés d'écoulement, puis à la rivière, les principes fertilisants, c'est-à-dire le purin qu'elle a tiré du fumier en le détrempant.

Les uns et les autres ont un peu raison. Si on fume en automne des prairies en pente, les eaux dont l'écoulement est trop rapide, à raison de leur abondance, emportent en effet ce qu'il y a de bon, et l'on a fumé pour le roi de Prusse; mais, en plaine, les eaux dorment sur le pré qui finit par les absorber à peu près en totalité.

Il semble donc qu'on doit fumer en automne les prairies situées en plaine, et au printemps celles qui ont une pente un peu prononcée.

CHAPITRE XVI.

DES ARROSEMENTS.

Nous savons que, pour que les plantes puissent croître, il faut qu'elles aient une certaine quantité de chaleur et d'humidité ; mais qu'elles n'en exigent ni trop ni trop peu : elles veulent que le terrain dans lequel elles se trouvent ne soit ni trop sec ni trop mouillé.

Si elles ont trop de chaleur, elles sèchent sur plante.

Si elles ont trop d'eau, elles finissent par être étouffées ou par pourrir.

Il leur faut donc une dose raisonnable de chaque chose, plus ou moins de l'une ou de l'autre suivant les exigences de leur tempérament particulier. Elles aiment, en un mot, un juste milieu dans lequel nous devons nous efforcer de les maintenir.

Malheureusement il nous est impossible de

suppléer à la chaleur du soleil quand elle
manque, mais nous pouvons remplacer l'eau
du ciel par celle des sources et des rivières
quand la pluie se fait trop désirer. L'eau est
donc une chose à laquelle nous n'attacherons
jamais assez de prix, et, plus nous avons d'engrais, plus il nous faut d'eau, car il est inutile
et même nuisible de trop en mettre dans les
terrains maigres : elle ne fait pousser l'herbe
et les autres plantes qu'autant qu'elles ne
manquent pas de nourriture.

Pour arroser, il faut des rigoles qu'on doit
toujours avoir soin de disposer, suivant les pentes, de manière qu'elles puissent conduire l'eau
partout : il faut aussi curer ces rigoles au
moins une fois au printemps et plus souvent, si
besoin est.

Puis, quand nous arrosons nos prés, nos
récoltes sarclées ou nos légumes, il ne
s'agit pas de lâcher négligemment une écluse,
en disant à l'eau : va où tu pourras ! il faut la
suivre une pelle à la main, lui montrer son
chemin, la diriger, boucher les trous qu'il y a
dans la terre, quand elle se perd, l'aider à

franchir les pas difficiles; il suffit souvent,
pour cela, d'un coup de pelle.

Il faut laisser plus ou moins boire son terrain
suivant sa nature, et par conséquent le bien
connaître.

Si la couche de terre arable est bien épaisse,
on peut sans inconvénient arroser à fond; il
n'y a pas à craindre de perdre ses engrais tant
que l'eau qu'on met dans une terre est absorbée
par elle en totalité; il n'y a qu'à veiller à ce
qu'il n'en arrive pas une goutte dans les pro-
priétés ou les fossés qui l'avoisinent.

Quand, à une faible distance de la surface,
il se trouve, au contraire, une couche contenant assez de sable ou de gravier, il faut se
montrer plus circonspect, plus avare d'eau. Il
est clair, en effet, que l'eau détrempe le fumier,
qu'elle rend liquide et emporte avec elle ce qu'il
contient de plus précieux, et, par conséquent
que, si elle arrive jusqu'a la couche sablon-
neuse ou graveleuse, elle passe à travers et
va se perdre qui sait où, avec le purin dont
elle s'est emparé. Il faut donc toujours avoir
soin de changer l'eau de place avant qu'elle
8*

arrive à cette couche. Dans les terrains de cette nature, il faut arroser moins profondément et plus souvent.

Il est aussi fort important de distinguer entre les terres en plaine et celles en pente, et de les traiter différemment.

Quelle que soit leur profondeur, il n'y a jamais que les premières, celles en plaine, qu'on puisse faire boire à satiété, en y mettant à la fois une quantité d'eau considérable, parce que cette eau ne peut jamais y cheminer que très lentement, et qu'en la changeant de place en temps utile, on est sûr de ne perdre ni un atôme d'engrais, ni une goutte d'eau.

Mais il faut être plus prudent pour les prés qui sont en pente. Si on y met à la fois beaucoup d'eau, elle traverse ces prés au galop sans leur donner le temps de boire, et en emportant au moins les trois quarts des engrais. Pour bien arroser des terrains en pente, il faut avoir de la patience, y mettre le temps, ne leur donner qu'une médiocre quantité d'eau, la répartir même au besoin en plusieurs rigoles et la diriger de manière que, sortant de ces

rigoles par une foule de points très rapprochés
les uns des autres, elle soit étendue comme
une pièce de toile en travers de la pente, et
marche vingt fois plus lentement qu'un escar-
got.

Il faut donc distinguer, d'abord entre les
terres dont la couche arable est assez profonde,
et celles dans lesquelles le sable ou le gravier
se trouvent près de la surface; ensuite entre
les terrains en plaine et ceux en pente.

CHAPITRE XVII.

DE LA TENUE DES HABITATIONS,
DE L'ORDRE INDISPENSABLE AUX CULTIVATEURS
ET DE LEUR CONDUITE.

On a toujours dit, et ce n'est pas sans raison,
que LA PROPRETÉ EST LA MÈRE DE LA SANTÉ. Or,
la santé est le plus grand des biens de ce
monde, puisque, quand même on posséderait

tous les autres, il serait impossible d'en jouir, si on n'avait pas celui-là. Il faut donc faire tout ce qu'on peut pour le conserver, et par conséquent s'attacher surtout à la PROPRETÉ.

Elle est, d'ailleurs, un devoir pour tout le monde, car c'est une vertu que Dieu lui-même recommande, et qu'il nous a donné les moyens de pratiquer en mettant de l'eau partout.

Il en coûte si peu d'être propre sur soi et de tenir tout propre dans la maison! Ce n'est que l'affaire d'un peu d'eau et de quelques minutes, qui sont bien payées par la satisfaction et le bien-être qu'on éprouve. La saleté dégoûte, ôte l'appétit; on mange, au contraire, de bon cœur lorsque tout reluit. Quand on se met à table, on ne remarque guère si la nappe est grossière ou fine, mais on regarde si elle est propre, et l'on se sert d'écuelles et de couverts de bois bien lavés, bien frottés, bien essuyés, bien reluisants, plus volontiers que de cuillers, de fourchettes et de vaisselle d'or ou d'argent sur lesquelles on aperçoit le plus petit grain de poussière ou la moindre tache.

On peut dire, en un mot, avec vérité, qu'il

n'y a rien de plus engageant que la propreté, et les cultivateurs ont besoin de se nourrir pour suffire à leur tâche pénible de chaque jour.

Quand on veut se bien porter, on se lave la figure au moins une fois par jour, les mains chaque fois qu'on quitte le travail, et le corps de temps en temps; on n'a jamais sur soi de linge sale; on bat, brosse et lave soigneusement les vêtements qu'on met habituellement, et l'on expose même à l'air assez souvent ceux qu'on tient enfermés dans des armoires, en attendant le moment de s'en servir.

Les pères et mères de famille ne doivent pas négliger, bien entendu, de faire, pour leurs enfants, ce qu'on leur conseille pour eux-mêmes. Qu'ils ne perdent jamais de vue que la propreté détruit la vermine et que la saleté l'engendre.

On ne doit pas se contenter, pour les habitations, de simples trous par lesquels le jour a grand peine à pénétrer: il faut avoir des fenêtres assez nombreuses et assez grandes pour donner suffisamment d'air et de clarté;

ces fenêtres doivent être placées, autant que possible, du côté du midi, et il faut les ouvrir fréquemment pour que l'air puisse se renouveler.

L'intérieur des maisons ne doit jamais présenter la moindre trace de saleté. Les planchers doivent être soigneusement balayés plusieurs fois par jour et même lavés à des intervalles assez rapprochés. Il faut qu'on ne puisse jamais apercevoir, soit aux plafonds, soit sur les murs, la moindre trace de toile d'araignée ou de poussière. Enfin, il importe peu que les meubles qu'on possède soient communs, pourvu qu'ils soient propres ; il faut donc les épousseter, les laver et les frotter jusqu'à ce qu'ils puissent, au besoin, servir de miroir.

On doit regarder ces divers soins comme indispensables ; car toutes les choses sales qui peuvent rester dans une maison aigrissent, fermentent, corrompent l'air et donnent une odeur qui soulève le cœur et exerce une action fatale sur la santé de ceux qui l'habitent.

Il ne suffit même pas que la plus grande propreté se fasse remarquer dans l'intérieur

d'une habitation, il faut encore qu'elle règne
à tous ses alentours, sinon on souffrira des
odeurs, des émanations provenant de l'extérieur : on doit donc, non-seulement en éloigner
les fumiers et toute espèce de dépôts, mais
encore avoir soin de balayer et même de laver
le sol de temps en temps.

Il importe surtout qu'il n'y ait ni mare ni
cloaque dans les environs ; car les eaux stag-
nantes sont de véritables foyers de putréfaction
et d'infection qui présentent de graves dangers
pour la santé.

Les cultivateurs assez insouciants pour négliger ces sages précautions, qui sont incontestablement une des causes principales de
bien-être, vivent et dorment dans une atmosphère méphitique, et ils doivent bien se persuader que la plupart des maladies qui les
atteignent, qu'elle qu'en soit la nature, proviennent de l'air vicié qu'ils se condamnent
volontairement à respirer.

Et, puisque la santé est si précieuse, on doit
aussi fuir les cabarets, où on la laisse souvent
avec sa raison ; car, si le vin bu modérement
soutient les forces, il les ôte quand on en

abuse, mine, à la longue, la constitution la
plus robuste et ruine la santé la plus florissante.
Souvent on dépense le dimanche, au cabaret,
pour se rendre malade et se mettre dans un
état à faire pitié aux gens raisonnables et à
vous rendre la risée de tous les autres, beaucoup plus d'argent qu'il n'en faudrait pour
boire du vin raisonnablement, toute la semaine,
dans son ménage.

On dit aussi, chacun le sait : HOMME DE VIN,
HOMME DE RIEN. C'est qu'en effet l'homme qui
est ivre ne sait plus ce qu'il fait. Des gens
adroits et peu délicats abusent souvent de la
faiblesse qu'un pauvre diable a pour le vin
pour lui faire faire de mauvais marchés, qui
le mettent au désespoir quand la raison est
revenue; car un homme qui a bu outre mesure
ne sait plus ce qu'il fait et signerait, au besoin,
son arrêt de mort.

Si on se rend malade à force de boire, on
jette par la fenêtre de l'argent qui serait utile
dans la maison où parfois il manque; il faut
ensuite en donner beaucoup au médecin, pour
ses visites, et au pharmacien, pour ses remèdes; enfin, on perd le temps qu'on passe au

lit dans la douleur, et l'ouvrage en souffre de
son côté.

Que de pertes de toute espèce ! Il y a donc
profit de toutes façons à fuir les cabarets comme la peste.

Et les économies de cabaret ne sont pasles
seules qu'on doive faire : il faut de l'ordre,
beaucoup d'ordre en tout et partout, et bien
se persuader qu'il n'y a point de petite économie, car cent économies d'un sou en valent
une de cinq francs. Il y a une foule de petites
choses qui, prises en détail, semblent ne pas
valoir la peine qu'on en tienne compte, mais
qui font un tout important, quand on vient à
en faire l'addition.

Il faut toujours vouloir son droit ; mais on
doit avant tout, être honnête homme et faire
toujours celui des autres. Dieu , la conscience
et la justice nous le commandent.

Une économie facile à faire est celle du
temps ; il faut avoir soin de ne pas en perdre ;
car, le temps ! c'est de l'argent, et il n'y a pas
de temps plus mal employé que celui qu'on
passe à chercher les divers objets dont on a

besoin. Quand on ne les trouve pas à l'instant
même, on se fâche, on peste, on se fait beaucoup de mauvais sang, on offense Dieu et on
perd son temps.

Il y a un moyen sûr et bien simple de ne
jamais se trouver dans cet embarras, c'est
d'avoir une place particulière pour chaque
chose, et de remettre toujours chaque chose
à sa place, aussitôt qu'on cesse de s'en servir.

A tout bout de champ, on est forcé de courir chez le menuisier, le charron, le bourrelier
ou le forgeron pour de petites réparations insi-
gnifiantes, qu'on ne songe naturellement à
faire faire qu'au moment où l'on a besoin de
l'outil qui en est l'objet; et comme le plus
souvent on ne trouve pas les ouvriers disposés
à faire le travail qu'on leur demande aussi
promptement qu'on le voudrait, on est forcé
de rentrer chez soi, de laisser l'outil et de faire
parfois plusieurs voyages avant qu'il soit
possible de le ravoir. On perd ainsi beaucoup
de temps, on ne dépense pas mal d'argent et
l'on est condamné à différer l'exécution d'un
travail souvent urgent.

Les cultivateurs peuvent éviter tout cela, en

profitant des journées d'hiver pendant lesquelles tout travail extérieur est impossible, pour se familiariser avec l'usage de la scie, du rabot, du ciseau, de l'alène et même de l'enclume et du marteau. Une fois habitués à se servir de ces outils, ils seront capables de faire eux-mêmes au moins les trois quarts ou les quatre cinquièmes des réparations pour lesquelles ils recourent maintenant à des ouvriers. Il est, en outre, très probable, à moins qu'ils ne soient de grands maladroits, qu'ils deviendront, en fort peu de temps, capables de confectionner eux-mêmes quelques-uns des instruments et objets divers indispensables pour l'exploitation d'une propriété.

Ceux qui profiteront de ce conseil y trouveront une autre avantage fort important, celui de se rendre aptes à apprécier la bonne ou la mauvaise confection des outils qu'ils achètent.

La plus déplorable des habitudes est celle de courir aux foires et marchés où l'on a rien à faire qu'à jaser et boire avec Pierre et Paul. C'est réellement ruineux : on dépense son argent, on perd son temps et l'on fait perdre celui de ses bestiaux, qui se reposent à l'écu-

rie, au lieu de faire, en temps utile, un travail que souvent on ne pourra pas faire plus
tard. Un bon cultivateur se tient à son ouvrage;
il sait qu'on ne rattrape jamais le temps
perdu, et ne fréquente les foires et marchés
que lorsqu'il y est forcé par ses affaires.

Et la chasse donc! Qui pourrait nous dire
le nombre des bonnes maisons qu'elle a détruites ? Elle peut être un agréable passe-
temps; mais malheureusement elle en fait
trop perdre. Simple goût d'abord, elle devient
ensuite une passion désordonnée, et l'on quitte
tout pour la satisfaire. Autrefois il y avait bien
quelques chasseurs, mais on les comptait dans
leurs communes. Aujourd'hui, ils sont devenus
nombreux partout; mais aussi que de pertes
irréparables la chasse cause à l'agriculture!
De combien de familles n'a-t-elle pas entraîné
la ruine !...

On a de bonnes intentions; on part pour
aller tuer un lièvre dont on connaît les habitudes; c'est l'affaire d'une heure, de deux au
plus; mais, une fois en route, on se laisse
entraîner à la poursuite du gibier, on perd sa

journée toute entière, et l'on recommence le lendemain.

Pendant ce temps, les bœufs mangent et chôment de plus belle, et l'ouvrage attend. Puis, ne faut-il pas, de temps à autre, manger un lièvre au cabaret avec les amis ? Ainsi l'on néglige ses travaux et ses affaires, et l'on dépense son argent non-seulement au cabaret, mais encore en munitions, en permis de chasse, ou en condamnations, si on se risque à chasser sans permis ou en temps prohibé. En un mot, on brule la chandelle par tous les bouts.

On doit même s'estimer heureux quand on n'attrape pas, à ce métier, quelque bonne fluxion de poitrine qui vous cloue pour un mois dans votre lit et vous envoie souvent à l'autre monde.

Laissons donc la chasse à ceux qui ne savent que faire de leur temps, et dont le désœuvrement fait réellement des gens à plaindre ! employons toujours bien le nôtre, car il est précieux et nous rapporte.

Un propriétaire qui veut faire une bonne maison laisse de côté la chasse, les foires, les

marchés et le cabaret ; il fuit les occasions de
dépense et de perte de temps, car il n'en a
jamais assez pour suffire à tout. Il s'occupe
uniquement de ses affaires et de ses travaux,
qu'il combine de manière à n'en perdre jamais
aucun de vue, et à pouvoir se livrer à chacun
d'eux en temps convenable. Il n'oublie jamais
notamment qu'au printemps, il doit écheniller
tous ses arbres et toutes ses haies, avant
l'éclosion des œufs, la loi et son intérêt étant
d'accord pour le lui prescrire, et que, en
automne, il doit préparer, en temps utile, le
fagotage destiné à servir, pendant l'hiver,
d'abord à l'alimentation du bétail, puis au
chauffage de la ferme.

On peut couper les branches d'arbres et les
taillis à partir du moment où le mouvement
de la sève est arrêté, et par conséquent à dater
du 15 septembre, au plus tard, dans tout le
département des Hautes-Alpes. Il importe,
dans tous les cas, de faire cette coupe avant
le moment où les feuilles commencent à jaunir,
afin qu'elles puissent être utilisées pour les
bestiaux. On économise, par ce moyen, beaucoup de fourrage.

Qui ne connaît pas, d'ailleurs, ce vieux proverbe : *changement de nourriture met en appétit* ? Il est donc utile, dans l'intérêt même du bétail, de varier celle qu'il reçoit. Le père de l'agriculture, le bon Ollivier de Serres, a a dit que les feuilles de certains arbres devaient être données aux bestiaux, non-seulement pour allonger le fourrage, mais comme friandise, et il cite celles d'orme, de frêne, de saule et de peuplier.

Ces feuilles ne sont pas, du reste, les seules qu'on puisse donner : les moutons broutent volontiers celles d'érable, d'acacia, de bouleau, d'aulne, de noisetier et même de chêne.

Il n'est pas nécessaire de citer plus des deux exemples qu'on vient de lire pour faire comprendre que le nombre d'objets qui doivent tenir constamment en éveil la sollicitude des cultivateurs est infini. Ceux qui se bornent à se lever matin et à travailler consciencieusement jusqu'à la nuit ne font donc que la moitié de leur devoir ; il faut qu'ils s'occupent à la fois du présent et de l'avenir, et qu'ils prennent leurs dispositions de telle sorte que chaque travail puisse être fait dans sa saison.

CHAPITRE XVIII ET DERNIER.

DE LA TENUE DES ÉCURIES ET DES ÉTABLES, ET DES SOINS A DONNER AUX BESTIAUX.

Passons maintenant aux écuries et aux étables, qu'il faut tenir propres comme les maisons, car ce qui est vrai pour les gens est vrai pour les bêtes. La *propreté* les maintient en bonne santé et en bon état.

Il faut, si on le peut, ainsi qu'on l'a déjà dit à propos des engrais, sortir le fumier des écuries et des étables tous les jours, dans tous les cas très fréquemment, et tenir constamment sous les bestiaux une quantité raisonnable de bonne litière. On doit éviter aussi qu'il y ait la moindre humidité dans le sol, et le disposer de manière que les urines et les purins s'écoulent facilement par une rigole jusque dans le trou destiné à les recevoir, et qu'il faut vider très

souvent, afin que les matières liquides qu'il
contient n'aient pas le temps d'entrer en fermentation.

Les soins qu'on donne aux animaux pro-
duisent sur eux plus d'effet peut-être que la
nourriture qu'ils reçoivent. Il faut chaque jour,
plutôt deux fois qu'une, les étriller, les brosser,
les peigner, les épousseter, et les laver soigneusement.

Dans une écurie ou dans une étable conve-
nables, il doit toujours exister une fenêtre au
moyen de laquelle on puisse établir un courant
d'air, de temps en temps, afin de renouveler
celui qui a été vicié par la respiration, la
sueur et les excréments des animaux; mais il
importe que ces fenêtres soient placées de
manière que les bestiaux ne se trouvent jamais
dans le courant d'air; il faut qu'elles soient
plus hautes que le ratelier, ou que l'on fasse à
cette hauteur, des ouvertures ou espèces de
soupapes qu'on puisse ouvrir et fermer à
volonté. Dans certaines écuries bien condi-
tionnées il y a des sortes de cheminées par
lesquelles l'air se renouvelle constamment.

Les mangeoires et les râteliers doivent être

9

disposés de telle sorte que les bestiaux ne puissent pas laisser tomber et fouler aux pieds la part de leur ration qui pourrait excéder leur appétit, puisque ce serait du bien perdu.

Il ne s'agit pas de remplir les râteliers et de donner ainsi aux bestiaux les moyens de se bourrer outre mesure : cela ne peut servir qu'à les rendre malades, et à vider promptement le grenier à foin. Il faut, au contraire, leur donner tous leurs repas à des heures réglées, et composer chaque repas d'une ration suffisante pour satisfaire leur appétit, mais sans jamais aller au-delà. Les cultivateurs économes et soigneux ne craignent même pas de prendre la peine de peser toutes les rations, pour être certains de les donner toujours égales, et ne regrettent jamais le temps que cela leur prend, parce qu'ils ne s'exposent pas à les faire trop fortes, et que donner aux bestiaux plus qu'il ne leur faut est un véritable gaspillage.

Il convient aussi de ne faire manger les pailles et les fourrages que hachés et les racines que coupées pendant l'hiver. On a, pour cela, des outils nommés *hache-paille* et *coupe-racines*. Ceux qui en ont fait usage connaissent

l'économie qu'ils leur procurent, et c'est tout
simple; les bestiaux mangent alors tout ce qui
leur est distribué plus aisément et sans rien
gâter.

Tous les propriétaires doivent désirer évidemment de nourrir et d'entretenir leur bétail dans
un parfait état de santé avec les moindres frais
possibles, et cela est à la portée de chacun
d'eux; ils n'ont qu'à administrer en hommes
actifs et intelligents, c'est-à-dire qu'à faire ce
qu'on vient de lire. Avec les soins, les précautions et le régime indiqués ci-devant, leurs
bestiaux seront toujours gras et vigoureux,
pour peu qu'on leur donne une nourriture
convenable.

Et quand on a une bête malade, il faut se
hâter de courir chez un vétérinaire, au lieu de
s'adresser à certaines gens de la campagne qui
croient *s'entendre* à les guérir et qui n'ont
jamais rien appris de ce qu'il faut savoir pour
cela. Pourquoi leur donne-t-on la préférence?

Est-ce parce qu'ils ont pris l'habitude d'en
soigner? Mais l'habitude ne suffit pas, et
d'ailleurs les vétérinaires en traitent un bien
plus grand nombre; ils ont donc, outre leur

savoir, encore plus d'habitude et d'expérience. Si on s'avisait de dire qu'un homme qui n'a jamais touché une plume sait mieux écrire que celui qui a eu longtemps un excellent maître, qui le croirait !

C'est l'histoire de celui qui *s'entend* à traiter des animaux malades et du vétérinaire. Le premier ne sait rien, et le second est un homme instruit auquel on peut accorder toute confiance, parce qu'il a étudié les maladies du bétail et connaît les remèdes qui conviennent pour chacune d'elles.

Est-ce parce que les visites de l'homme *qui 'y entend*, *du guérisseur*, coûtent moins cher qu'on s'adresse à lui ? C'est une raison cela, mais elle a le tort de ne rien valoir. En toutes choses, il n'y a souvent rien de plus cher que le bon marché; il faut s'attacher surtout à la qualité, et il est impossible de l'avoir sans y mettre le prix.

Est-ce parce que, malgré ses soins, le vétérinaire perd quelquefois des bêtes qu'il traite que l'on n'aurait pas confiance en lui? Mais les bêtes sont mortelles comme les gens et

certaines maladies sont incurables. Il y a des
cas où le plus habile homme du monde ne peut
parvenir à les sauver; mais au moins, quand
elles succombent, on n'a rien à se reprocher;
on sait que ce n'est pas faute de soins intelligents.

Le gouvernement vient presque toujours au
secours des cultivateurs qui ont le malheur de
perdre des bestiaux, mais il veut avant tout
qu'il n'y ait pas de leur faute; il exige avec
raison que les bestiaux aient été traités convenablement, et il regarde comme ne l'ayant
pas été ceux qui n'ont reçu d'autres soins que
ceux de ces hommes qui disent *s'y entendre*,
de ces prétendus *guérisseurs*, parce qu'il sait
parfaitement qu'ils ne *s'y entendent* pas le
moins du monde.

Ainsi, quand on fait traiter une bête malade
par un de ces hommes, on s'expose à rendre
grave une indisposition qui ne serait rien, et
l'on est certain de ne rien avoir du gouvernement si elle meurt; quand on la fait traiter,
au contraire, par un vétérinaire, qui offre
toutes les garanties de capacité qu'on peut

9*

desirer, on sait que l'animal sera bien soigné, et, si on le perd, on est presque sûr de recevoir une indemnité.

Pour que tout aille convenablement dans ce monde, il faut que chacun fasse son métier.

FIN

TABLE DES CHAPITRES.

FIN DE LA TABLE.

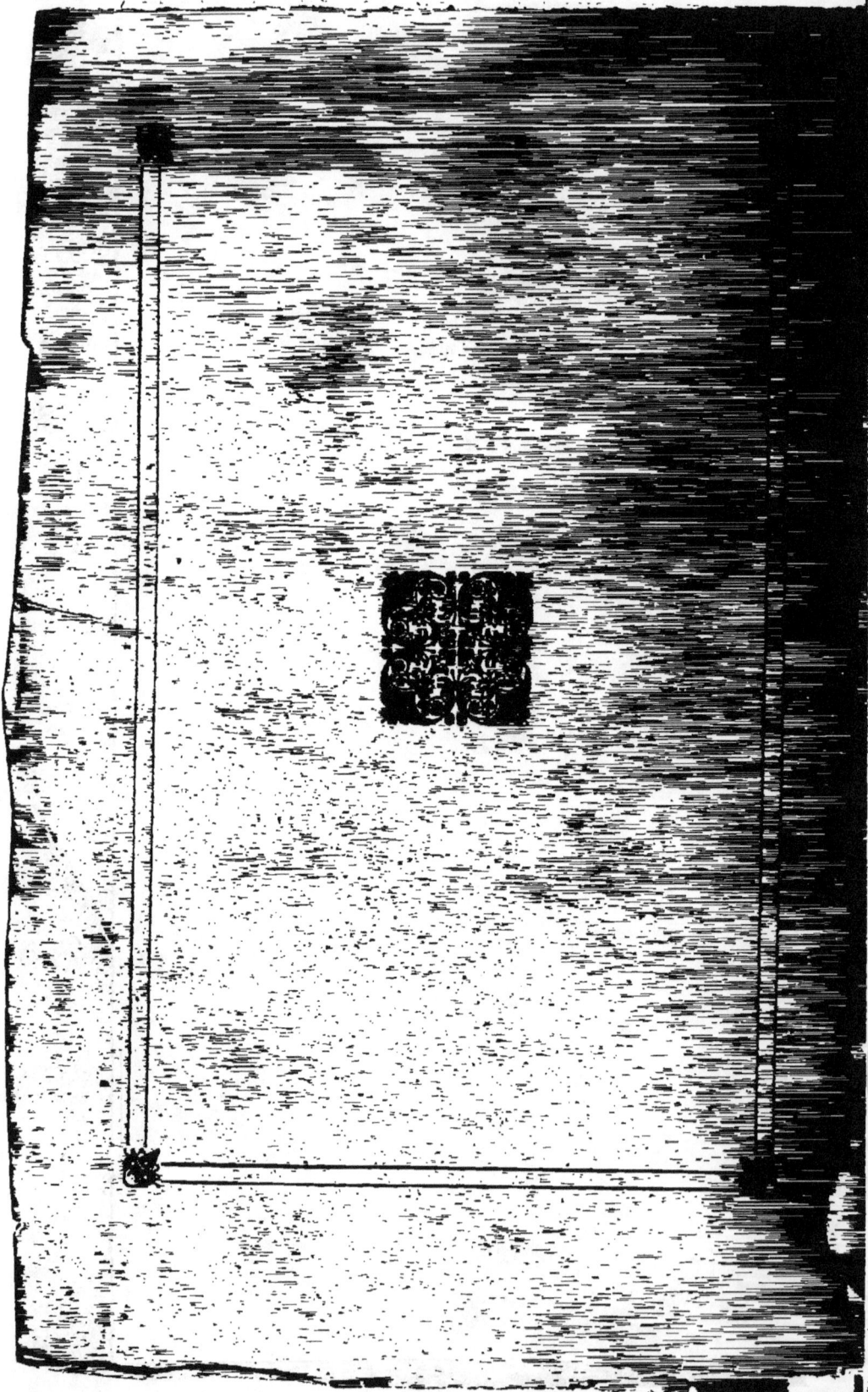

www.ingramcontent.com/pod-product-compliance
Lightning Source LLC
Chambersburg PA
CBHW060803110426
42739CB00032BA/2605